JN223347

今日から
モノ知り
シリーズ

トコトンやさしい

真空技術の本

関口　敦

真空は、「熱伝導がない」「水が蒸発しやすい」「放電が起きやすい」など6つの大きな特徴をもち、半導体、LED、液晶パネルの製造工程をはじめ、掃除機などの家電製品、自動車産業、農業や医療など幅広い分野で必要不可欠な技術になっています。

B&Tブックス
日刊工業新聞社

はじめに

生活の中で私たちは真空や真空技術を意識することはあまりありません。しかしながら、真空技術は生活の中に身近にあって、大変に役に立っている技術なのです。照明、食品保存、掃除機はもちろん、最近では真空チルド冷蔵庫や真空炊飯器など「真空」の用語が直接付いた商品も見られるようになりました。さらに携帯電話、フラットパネルディスプレイ、デジタルカメラ、発光ダイオードなども真空技術を使用しなければ作ることができません。医療、エネルギーや自動車などの産業分野でも真空技術は活躍しています。このように真空技術は今日の産業の基盤技術となっています。

本書では、この真空技術の概略をわかりやすくまとめて解説しました。初めて真空技術に触れた技術者の皆様や大学の研究室で真空装置に触れ学び始めようとされる学生の皆様向けに真空技術の入門書となるように心がけて執筆しました。特に大学などで教わる機会が少なく、技術者が誤りやすい内容（ゲージ圧の概念など）を丁寧に解説したつもりです。この種の項目は座学と実務を結びつける内容となっています。また使用した用語は日本工業規格（JIS）や国際規格に準拠するようにこころがけました。一方、国際化の視点から規格準拠のみでは十分でない側面もあります。例えば真空技術では最も基本となる圧力の単位です。基本部分はSI単位であるPa（パスカル）を使用していますが、米国などで多く使用されているTorr（トル）も紹介しています。技術者の皆様が国際的な出会いの中で困ることのないように配慮しました。

真空技術は超高真空領域まで含めると15桁にもおよぶ圧力範囲を制御しなくてはなりません。とても奥が深く、学ぶべき内容が多いのも事実です。超高真空などの真空技術は、一昔前までは特殊な技能を取得した人たちだけが取り扱う技術でした。ところが半導体などの固体素子製造技術の進歩によって、今では普通に取り扱いができるようになっています。このような背景を受け、真空技術に関する内容を再整理して改めて真空技術の入門書としてまとめました。

筆者が真空産業に身を置いたとき、諸先輩より「真空技術で未来を拓く」と教わりました。その後、確かに多くの新しいトレンド商品が真空技術から生まれてきました。これらのトレンド商品で私たちの生活も大きく変化し豊かになっています。今回、改めて振り返るとその背後にある真空技術の存在に感動します。そして将来も間違いなくこの事実は続きます。本書では「真空は産業の宝箱」と表現しました。本書が読者の皆様の真空技術を手に入れる切っかけとなり、宝箱を開けることができるチャンスが生まれることを願っています。

最後に本誌の執筆の機会を与えてくださった日本真空工業会の武田清事務局長、編集内容の調整や原稿のチェックをおこなっていただいた日刊工業新聞社の藤井浩氏に感謝申し上げます。

令和元年　9月

関口　敦

トコトンやさしい

真空技術の本

目次

目次 CONTENTS

第1章 真空っていったいどういうこと？

第2章 真空の分類とその特徴

第3章 家庭の中にある真空

第4章 真空は産業の宝箱

第5章 〝真空〟はどうやって作るのか

第6章 "真空"は何でどうやって測る?

第7章
これからの真空技術

コラム

第1章 真空っていったいどういうこと？

1 真空状態ってどういう状態?

必要不可欠な真空技術

真空と言う言葉を聞いたときに「何も無い空間の状態」とイメージされる方も多いと思います。真空技術の分野では真空は日本工業規格(JIS)によって「通常の大気圧より低い圧力の気体で満たされた空間の状態」と定義されています。本誌では真空の定義をこのJISに準拠して使用することにします。真空科学および真空産業の分野で一般的に標準的に使用されている定義だからです。

では大気圧とは何でしょう。大気圧は日々の天気予報から常に変動していることがわかりますし、地面の標高によっても変わります。

たとえば、富士山の山頂では海面上の大気圧の約3分の2に低下していますし、エベレストの山頂の大気圧は海面上の約3分の1まで低下しています。

しかし、海面上の大気圧より低いからといって、エベレスト山頂は「真空状態である」とは表現しません。エベレスト山頂の「通常の大気圧」は海面上の大気圧の3分の1であるということだけです。

しかしながら富士山やエベレストの山頂で空の容器(薄いビニール袋ではなく、容易につぶれない容器)に封をして海面上に運んできた場合、その容器の中は「真空状態」とよぶことができます。海面上の「通常の大気圧」より「低い圧力の気体で満たされた空間の状態」が実現しているからです。

中を真空状態とする容器を真空容器とよびます。この真空容器は大気の圧力に耐え、中の真空状態を保持する必要があります。これはそれほど簡単ではなく、これ自体が真空技術の一分野です。

私たちの身の回りに存在する数々の機器は、この真空容器の中で製造されたり、真空を利用しています。また、これらの真空技術は私たちの夢を実現し、今後も夢の実現に必要な技術なのです。

要点BOX

●真空とは「通常の大気圧より低い圧力の気体で満たされた空間の状態」を言う

大気圧は常に変動している！

海面上の
大気圧の
約1/3

ここは、大気圧が低いが
「真空」ではない！

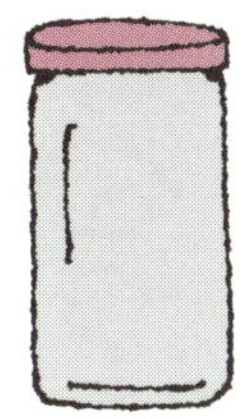

海面上の
大気圧の
約2/3

富士山の山頂の
標高 3776 m

ここで，
容器の蓋を閉めて
海面近くに運ぶと…

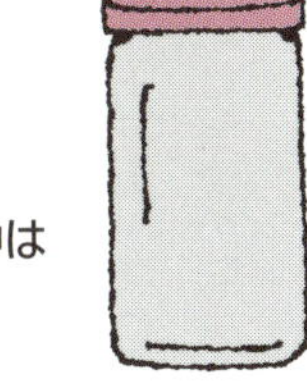

容器の中は
「真空」

海面上の標高 0 m

標準大気圧

1 気圧 = 1 atm（アトム）
$=1.013\times10^{5}$Pa（パスカル）

2 真空状態だと何が起こる?

幅広い分野で応用

真空状態の特徴を次の6項目にまとめてみました。

①大気圧を感じる。
②酸素が少なくなる。
③熱や音が伝わりにくくなる。
④蒸発しやすい(沸点が低くなる)。
⑤放電しやすい。
⑥障害となる分子が少なくなる。

これらの特徴から真空技術は工業的な基盤技術として重宝されているだけでなく、宇宙開発や高エネルギー物理学研究などの最先端の科学技術にも利用されています。

①大気圧を感じるとは、外側の大気圧と内側の真空状態との圧力差に応じた差圧のことです。この力を利用して真空ピンセット、バキュームリフトなどが商品化されています。

②酸素が少なくなることの身近な物品への応用は、缶詰や真空パックによる食品などの保存があります。

また、半導体集積回路素子、発光ダイオード(LED)などのフォトニックデバイス、ハードディスクなどのスピントロニクス素子の製造には酸素の除去が必須で真空技術は大変重要です。

③熱や音が伝わりにくくなることは魔法瓶として身近な存在だけでなく、国際宇宙ステーションからの試料回収用断熱カプセルにも応用されました。

④蒸発しやすいことを利用して真空蒸着による金属を含めたコーティングや、食品の凍結乾燥に利用されています。

⑤放電しやすいため蛍光管の中は真空です。。半導体集積回路素子の製造などに使用されるプロセスプラズマは真空中で作られた放電です。

⑥障害となる分子が少なくなることから高エネルギー物理学や重力波などの研究分野で電子、素粒子の運動やレーザ光の進行を阻害しないように真空チューブ内で研究されています。

要点BOX
- ●真空状態の特徴は6項目
- ●他の技術では実現できない特徴を持っている

真空状態の６つの特徴

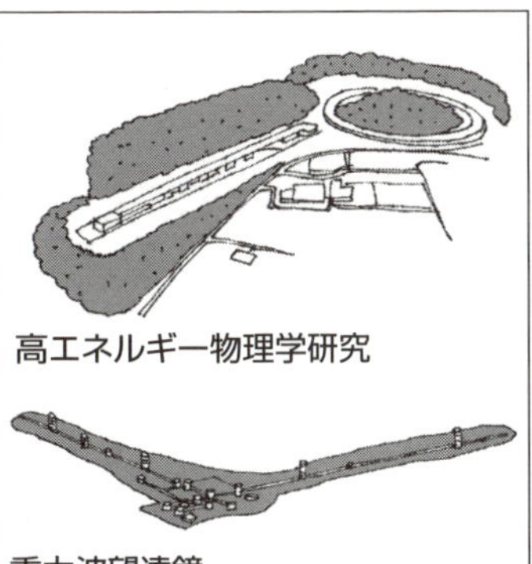

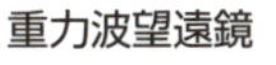

障害となる分子が少なくなる

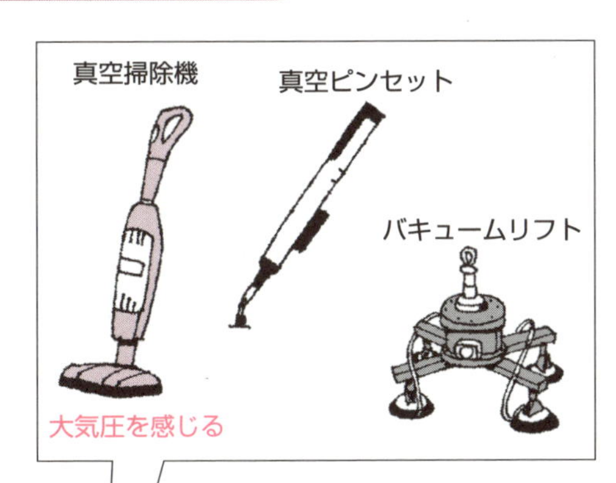

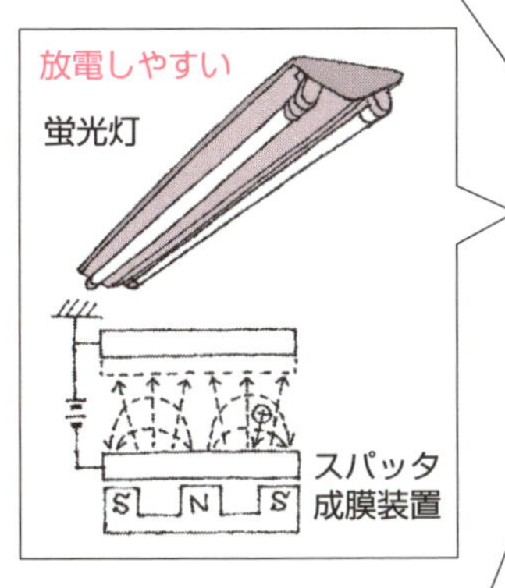

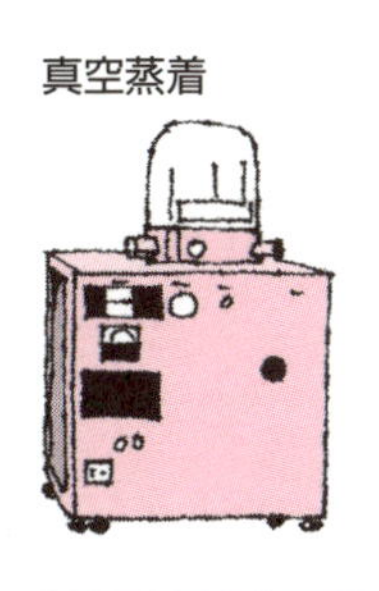

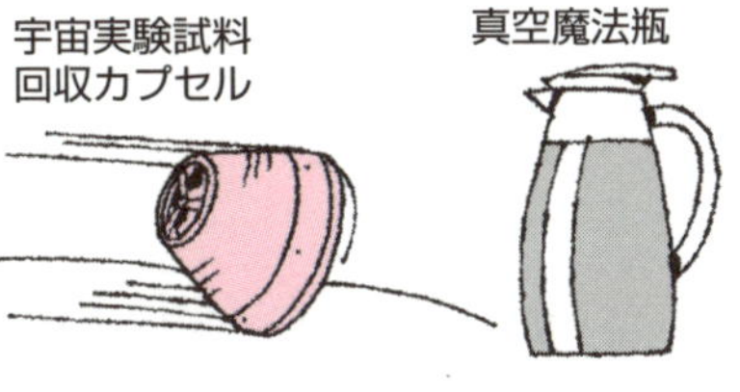

3 真空はどうして見つかったのか

ガリレオとその弟子たち

1630年ガリレオ・ガリレイはジョバンニ・バティスタ・バリアニから手紙を受け取り「水のサイホンが10m以上では動作しないことの原因解明」を依頼されました。一方、当時、井戸職人は10m以上の深さの井戸から水をくみ上げることができないことを知っていました。ガリレオは、これらの原因は水柱が10m以上になると真空ができるからであると予測しました。

1641年、これを聞いたガスパッロ・ベルティは10mの鉛管の上部にガラス球を取り付けた器具を使い、この器具の内部に水を充満させた後に器具を立てると、水柱が10mを超えたガラス球の内部に空間ができることを見つけました。このことから「ベルティが真空の発見者である」とも言われています。しかしながら、ベルティはこれが真空であるとの立証はできませんでした。

この話を聞いたエバンゲリスタ・トリチェリは恩師のガリレオと相談、水と比較して密度の高い水銀を使用すれば密度が大きい分、10mよりも低い高さ約76㎝で真空を作ることができると予想しました。1644年、ガリレオは実験結果を待たずして死去しましたが、弟子のビンセンツオ・ヴィヴィアンニによってトリチェリの計画した実験が実施され予想通りの結果を得ることができました。さらに彼らは水銀の上に水を貼り、ゆっくりと管を引き上げ、管の最下部の開放端が水銀面の上にある水中に達した時点で管の内部は水銀から水に置き換わり、水銀によって生じていた空間も水で満たされることを確認しました。この空間には何も無かったことを証明したのです。

この実験と解釈から今では「真空の発見者はトリチェリである」と言われ、水銀柱の上部に生じる真空空間を「トリチェリの真空」と呼ぶようになりました。

要点BOX
- ●トリチェリの水銀柱の実験
- ●水柱と水銀柱の高さの違いは、水と水銀の密度の違いによる

真空の発見

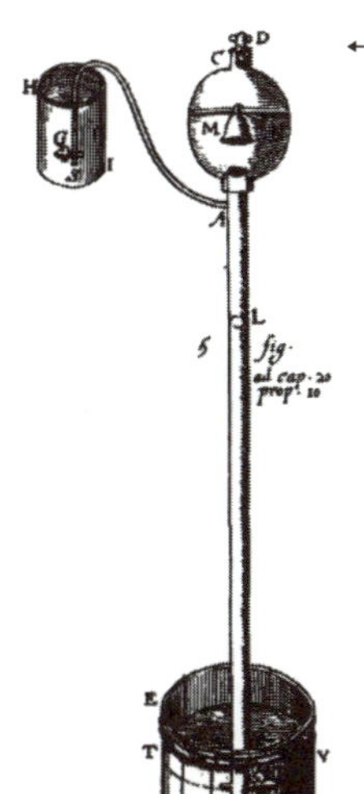

←1641年ガスパッロ・ベルティ（Gasparo Berti）の水柱の実験。上部のガラス球の内部に真空が生じている。

1644 年ヴィヴィアンニは、トリチェリの計画に沿って水銀柱で実験をおこなった。76 cm より上に空間が生じた。水と水銀の高さの違いは、水と水銀の密度の差が要因であると説明した。→

エバンゲリスタ トリチェリ
（Evangelista Toricelli）

ビンセンツオ ヴィヴィアンニ
（Vincenzio Viviani）

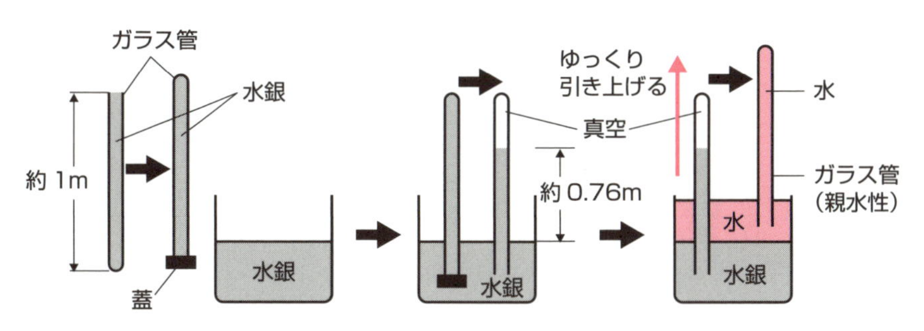

トリチェリの真空内には何も無いことの立証実験

4 圧力って真空とどんな関係があるのだろう

パスカルが解き明かす

真空の程度を表す指標は圧力です。ここで圧力を考えてみます。圧力の単位は、国際標準のSI単位系でPa（パスカル）でN／㎡のことです。すなわち、「圧力は、単位面積当たりにかかる力」の意味です。1Paの圧力の意味は、1㎡に1Nの力（約百g重の力）がかかっていることを意味しています。この具体的な概念は、パスカルの貢献が大きく、彼の実験からわかりやすく説明することができます。

1645年、トリチェリとヴィヴィアンニの実験の次の年、パリにいたブレーズ・パスカルはこの実験に興味をもち自分で種々の工夫を加えて再検証しました。この中で特に「管の太さを変えても水銀柱の高さは一定である」ことに気がつきます。

トリチェリは3項で説明したように「真空ができるのに必要な高さ」として水柱10mと水銀柱76㎝の違いは水と水銀の密度の差であると解釈していました。すなわち、下方に押しつける力であることに気がついていました。

パスカルは、「管の太さを変えても水銀柱の高さは一定である」ことから単純な力ではなく、「管の断面積当たりの力」がこの高さを決めていることに気がつきました。そしてこの「単位面積当たりの力」は、高さを決める有用な物理量であるとして「圧力」という概念を確立しました。その後、パスカルの原理として有名な「密閉容器中の流体は、その容器の形に関係なく、ある1点に受けた単位面積当りの力（圧力）をそのままの強さで、流体の他のすべての部分に伝える」に発展していきます。

圧力の単位は、Pa意外にも使用が認められています。標準大気圧は1気圧（1atmアトム）＝1・013×10^5Pa、標準圧力1bar（バール）＝1・000×10^5Pa、さらに医療の血圧値などではトリチェリの水銀柱の高さを㎜で表現した1㎜Hg（Torrトルとも表記する）＝133Paも認められています。

要点BOX

- ●圧力とは、単位面積当たりにかかる力である。
- ●パスカルは圧力という概念を確立し、その原理を解明した。

圧力の単位

Pa :パスカル(SI単位系)

「圧力」とは、単位面積当たりの力である。

$$Pa = N/m^2 = kg/(m \cdot s^2)$$

1Nは約100g重の力

「1Pa」の定義
$1N(kg \cdot m/s^2)$の力

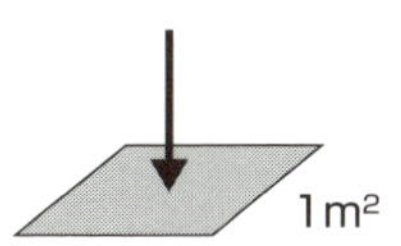

ブレーズ パスカル
(Blaise Pascal)

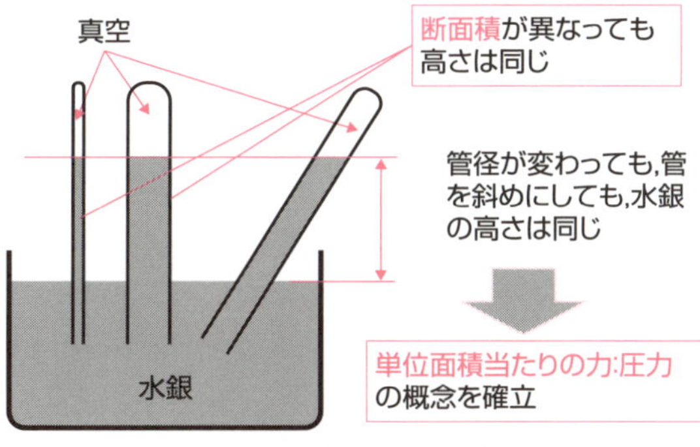

1645年パスカルの実験
単位面積当たりの力(圧力)が
水銀柱の高さを決めている

圧力の単位換算表

From \ To	Pa (N/m²)	Torr (mmHg)	atm	mbar	psi (bf/in²)	kgf/cm²	mH₂O (15°)
1 Pa (N/m²)	1	7.50×10^{-3}	9.87×10^{-6}	10^{-2}	1.45×10^{-4}	1.02×10^{-5}	1.02×10^{-4}
1Torr (mmHg)	133.32	1	1.316×10^{-3}	1.33	1.93×10^{-2}	1.359×10^{-3}	1.36×10^{-2}
1 atm	1.013×10^{5}	760	1	1.013×10^{3}	14.696	1.033	10.34
1 mbar	100	0.750	9.87×10^{-4}	1	1.45×10^{-2}	1.02×10^{-3}	10.206×10^{-3}
1psi (bf/in²)	6.89×10^{3}	51.71	6.8×10^{-2}	68.9	1	7.031×10^{-2}	0.703
1 kgf/cm²	9.8×10^{4}	735.56	0.968	9.81×10^{2}	14.223	1	10
1 mH₂O	9.8×10^{3}	73.49	9.68×10^{-2}	98.0	1.421	0.1	1

1 bar = 1.0000×10^5 Pa(標準圧力)、1atm=1.0133×10^5Pa(標準大気圧)

5 真空にとっての気体ってなに

真空容器の中の空気と気体の性質

真空容器の中は気体で満たされています。真空技術は、この気体を取り扱う技術です。気体とは、真空と同じようにＪＩＳによって次のように定義されています。気体は「見掛け上、分子が分子間力によって運動の制限を受けないで空間を自由に満たせる状態にある物質」のことです。

身近な気体といえば大気です。乾燥大気の組成は、体積比で窒素78％、酸素21％、アルゴン1％です。ここで、忘れてはいけないことは乾燥空気の組成がこの組成であり、実際には多量の水蒸気が含まれていることです。真空技術にとって、この水蒸気は真空内の壁に吸着して再放出しにくいため、やっかいな存在となっていますが、この説明は15項で解説することにします。

真空下の気体は、ボイル・シャルルの法則、理想気体の状態方程式およびドルトンの分圧の法則が有効数字3桁に近い精度で成り立ちます。気体の密度が大気圧より低下しているため、分子間相互作用および各分子の持っている体積を無視することができるのです。大気圧に近い低真空から中真空領域の雰囲気を考察するときにはこの特性は大変に役立ちます。

一方、高真空領域より圧力の低い真空を扱う場合、気体と壁との相互作用が主要因となりますので、別の取り扱いが必要です。この説明は15項で解説します。

気体の特性の一つに、「同じ状態下であれば、気体の体積は気体の物質量（モル数のこと）に比例し、気体の種類によらない」ことがあります。このことは、理想気体の状態方程式の形として使用することができます。理想気体の状態方程式で使用されている気体定数Rは8．3145$J \cdot K^{-1} \cdot mol^{-1}$と国際的に定められています。ここで、圧力$p$（単位はPa）かける体積$V$（単位は$m^3$）はエネルギー（単位はＪジュール）です。$Pa \cdot m^3 = J$であることに注意してください。

要点BOX

●真空状態では通常の気体も理想気体とみなすことができる

乾燥大気の主要成分

成分	化学式	体積比(v/v%)
窒素	N_2	78.084
酸素	O_2	20.948
アルゴン	Ar	0.934
二酸化炭素	CO_2	0.032

通常の大気中には，左記の組成に水蒸気が含まれる。

ボイル－シャルルの法則

物質の出入りが無く，熱の出入りが許されている系の場合、状態１から状態２へ変化した気体は下記の式を満たす。

$$\frac{p_1 \cdot V_1}{T_1} = \frac{p_2 \cdot V_2}{T_2}$$

p_1, p_2 ：状態1および2のときの圧力
V_1, V_2 ：状態1および2のときの体積
T_1, T_2 ：状態1および2のときの絶対温度

理想気体の状態方程式

$$pV = nRT$$

p：気体の圧力（単位：気体定数値の単位に合わせる）
V：気体の体積（単位：気体定数値の単位に合わせる）
n：気体の物質量（単位：mol）
R：気体定数（8.3145 J $K^{-1}mol^{-1}$，0.082 atm L $K^{-1}mol^{-1}$ 8.3145×10^3Pa L $K^{-1}mol^{-1}$）
T：気体の絶対温度（単位：K）

注意：体積×圧力はエネルギーである。
$Pa \cdot m^3 = (N/m^2) \times m^3 = N \cdot m = J$

ドルトンの分圧の法則

混合気体の圧力p（全圧）は、その各成分気体のみの圧力p_i（分圧）の和に等しい。

$$p = p_1 + p_2 + p_3 + p_4$$

p ：混合気体の全圧
p_1, p_2, p_3, p_4：各気体成分1，2，3，4 の分圧

6 どうすれば真空はつくれるのだろう?

ゲリーケの真空ポンプ

大気圧に近い真空状態である低真空は簡単に作ることができますが、真空を作るためには気密性の高い真空容器と真空ポンプが必要です。

最も身近な真空ポンプは真空掃除機です。もちろん掃除機の性能に依存しますが大気圧の十分の一程度の圧力まで排気することが可能です。掃除機と真空容器を気密性良く密着させて掃除機を動作させると容器内は真空になります。

また、真空保管として使用する真空保管庫および手動真空ポンプが市販されています。これらを使用すると簡単に真空環境を作ることができます。その真空ポンプの断面構造図と動作を左図に示しました。真空ポンプの動作原理は、基本的に水のポンプと同じです。ただし、水を取り扱う場合よりも気密性を高める配慮が組み込まれています。2個の逆止弁を効果的に活用して気体を排気します。

この種の真空ポンプは、ドイツのオットー・フォン・ゲーリケによって1650年ごろに開発されました。パスカルの実験から約5年後のことです。ゲーリケの真空ポンプを改良して気体の特性を調べたボイルは「最初に真空ポンプを発明したのはゲーリケである」と言っています。

ゲーリケは当初、ビア樽と消火用水ポンプを使用して真空を作ることを試みました。しかしながら、ビア樽では気密性が悪く、大気が容器内に流入して真空を作ることができませんでした。そこで、銅製の半球を2つ組み合わせ、接合部分を革と油脂を使ってシールしたところ、容器内を真空にすることができました。

当時、マグデブルク市の市長であったゲーリケは町の復興のためにローマ議会員の前で有名な「マグデブルクの半球」のデモンストレーションを行ったのです。この実験は1654年から数回、実施されました。真空技術に夢を託した最初の例です。

要点BOX

- ●真空は気密性の高い真空容器と真空ポンプによって作ることができる
- ●真空掃除機は身近な真空ポンプである

手動真空ポンプの断面構造図

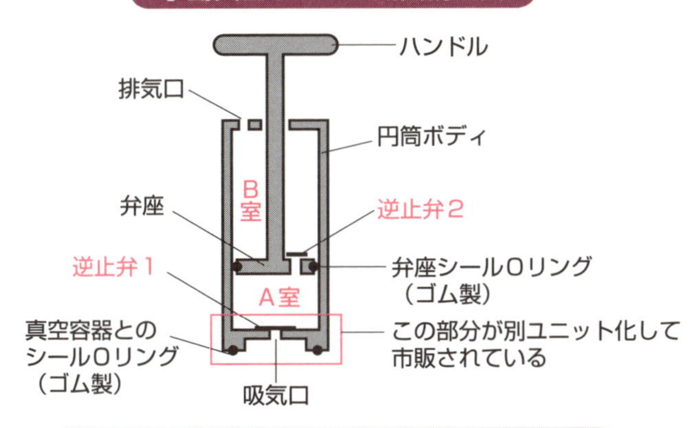

手動真空ポンプの動作と気体の排気図

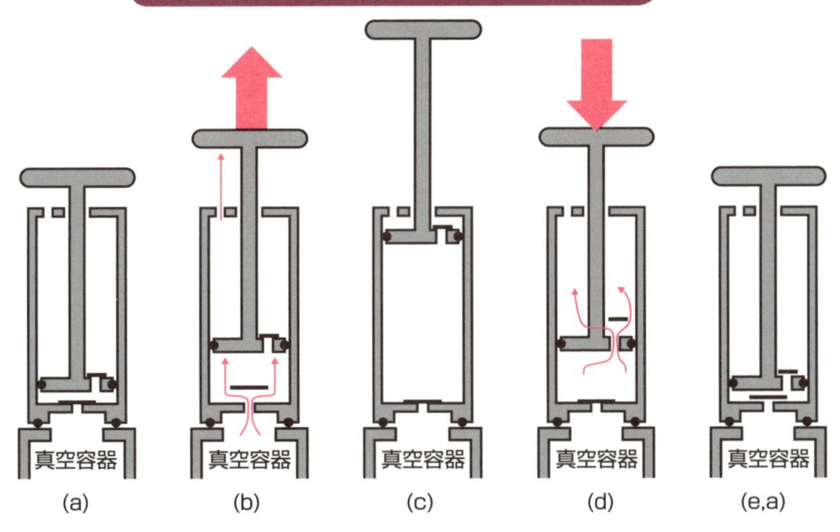

ゲーリケ（Otto von Guericke）の真空容器と手動真空ポンプ

ビア樽は、漏れが大きく真空容器として使用できなかった

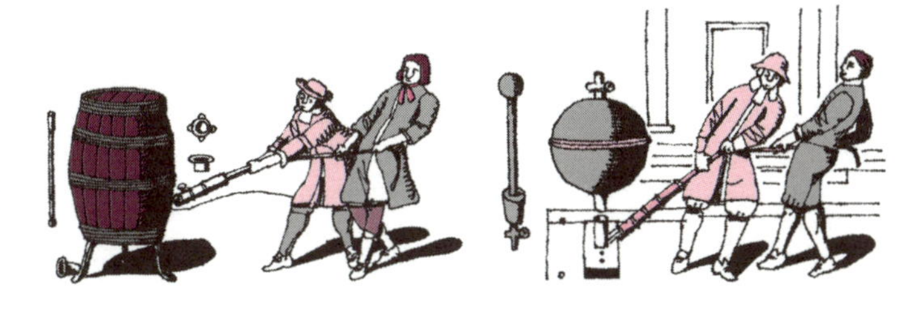

7 ゲージ圧と絶対圧に注意が必要

私ボーっと生きていました（1）

先に4項で「圧力」に関して解説しました。実は、世の中のほとんどの圧力計は4項の圧力を表示する計測器ではありません。圧力計の表示値をそのまま5項で解説した公式に代入して計算していませんか？これは誤りです。

「ゲージ圧」と「絶対圧」の概念に注意する必要があります。世の中のほとんどの圧力計は「ゲージ圧計」と呼ばれる計測器で、大気圧を原点ゼロとし、ここからの差圧を表示する機器です。水道水の圧力など、日常的に使用する圧力計は大気圧を原点とする計測が大変便利で、感覚的にもわかりやすいのです。大気圧は常に変動しているので、ゲージ圧の原点も常に変動しています。ゲージ圧計の単位表記は、atm(G)やPa(G)のように（G）を付け絶対圧と誤認しないように工夫していますが、まれに（G）を付けていない場合もあるので注意してください。

一方、4項で解説した圧力は「絶対圧」と呼ばれます。気体が無くなった理想的な真空状態を原点ゼロとし、標準大気圧は1気圧（＝1・013×10⁵Pa）となります。科学技術の分野で使用する圧力は、この絶対圧です。「絶対圧計」の代表例は気圧計と真空計です。その他の圧力計はほとんどがゲージ圧計です。絶対圧の単位表記は、atmやPaのように科学で使用している表記をそのまま使用します。

ガスボンベやガス配管の圧力表記は通常「ゲージ圧」です。一部の高純度が要求されるガス配管には「連成計」と呼ばれる大気圧原点ゼロで、加圧状態の圧力表示に加えて真空状態をマイナスとして表示するゲージ圧計も存在します。これらのゲージ圧計表示値を、そのまま5項で解説した気体状態を換算する公式に代入してはいけません。公式に代入できるのは絶対圧値です。絶対圧に変換するにはゲージ圧を測定した時点の大気圧を別に気圧計を使用して測定し、このゲージ圧値に大気圧を加えるのです。

要点BOX
- ●ゲージ圧は大気圧を原点0とする値で通常の圧力計の大多数はゲージ圧計である
- ●科学技術では圧力0を原点とする絶対圧を使用

絶対圧とゲージ圧

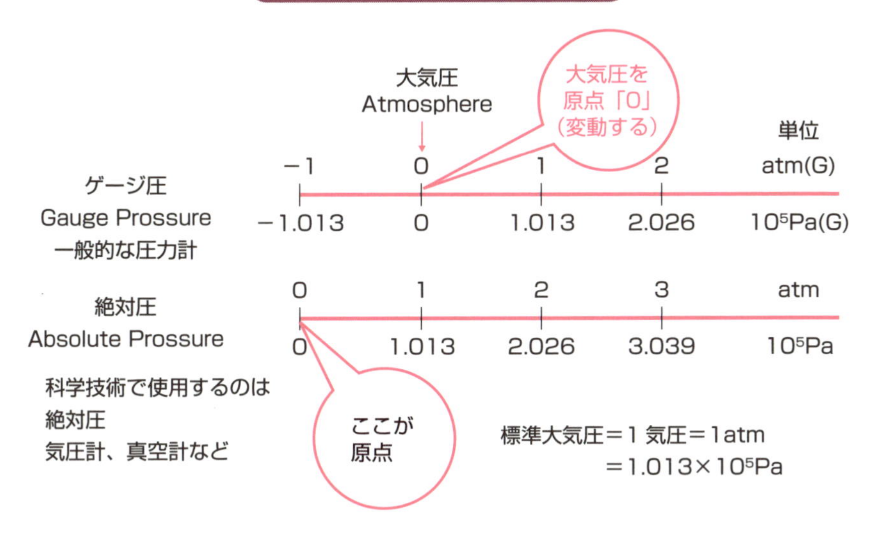

ガス導入系統の模式図と圧力計

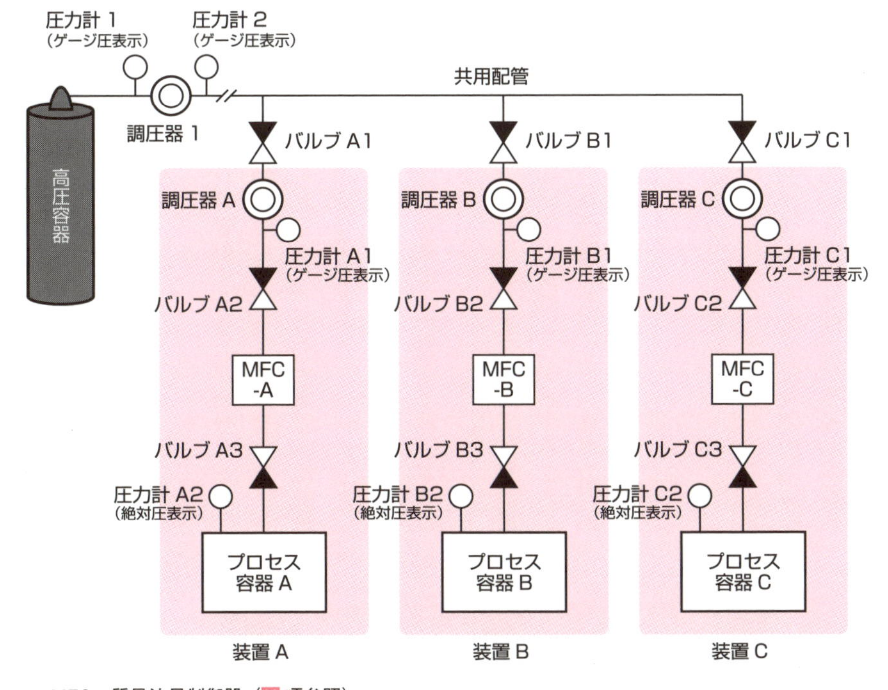

MFC：質量流量制御器（60 項参照）

8 調圧器の圧力変動を理解しよう

私ボーっと生きていました(2)

　真空容器の中で種々の製造プロセスを実施する際、真空容器内へプロセスガスの導入が必要となります。「気体の流量」は左の式のように絶対圧の関数となっています。このため、絶対圧の管理はプロセスガスの導入量を管理するために大変に重要な事項となります。ここで必要になるのがガス導入配管系統です。ガスボンベからガス導入配管系統の中で圧力の調整をおこなう機器が調圧器（調圧弁またはレギュレータとも呼ばれている）です。

　実はこの調圧器、絶対圧を一定に保つ機器ではありません。大気圧との差圧（ゲージ圧）を一定に保つ機器なのです。調圧器に通常、設置されている圧力計もゲージ圧計です。その断面構造と圧力一定化のメカニズムを左図に示しました。「大気と配管内の差圧」と「バネの反発力」が釣り合うように配管内の圧力を調整する器具であることがわかります。日々の天気予報から大気圧の変動量を把握することができ、有効数字2桁目が変動することがわかります。昨今の機能素子を製造するプロセスでは有効数字3桁の再現性が求められており、この大気圧の変動量は無視できる値ではありません。

　絶対圧の設定は調圧器では実現できていないことになりますが、気体の流量は後の60項で解説する質量流量制御器（マスフローコントローラ：ＭＦＣ）を併用することによって実現できます。この質量流量制御器は入り口の速い圧力変動には対応することができません。共用ガス配管を使用している場合、他の装置の影響を受け、配管内の圧力が急速に変動することがあります。

　一方、大気圧の変動は大きいのですが、ゆっくり変動します。このため調圧器は、たとえゲージ圧を一定に保つ器具であっても、質量流量制御器の前段に設置し、その機能を充分に発揮させる補助器具として重要なツールとなっています。

要点BOX
- ●調圧器はゲージ圧を一定にする器具であり絶対圧を一定にするものではない
- ●気体の流量制御は機器を組み合わせて実現

気体の流量

気体の流量の SI 単位：Pa・m³・s⁻¹
気体の流速の SI 単位：Pa・m³・s⁻¹・m⁻²

配管の断面積で規格化

圧力 Pa は絶対圧

汎用的に使用されている気体の流量の単位

sccm=atm・cc/min
slm=atm・L/min

圧力 atm は絶対圧

調圧器の構造模式図

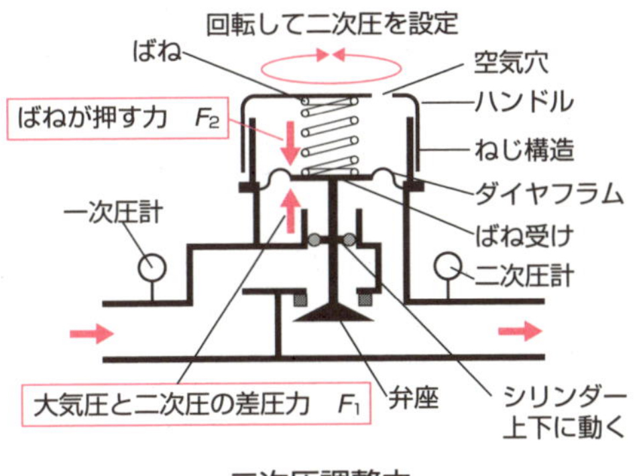

二次圧調整中
$F_1 = F_2$

調圧器はゲージ圧を一定に保つ器具であって
絶対圧を一定に保つ器具ではない

全閉状態
$F_1 > F_2$

ガス導入配管系統図

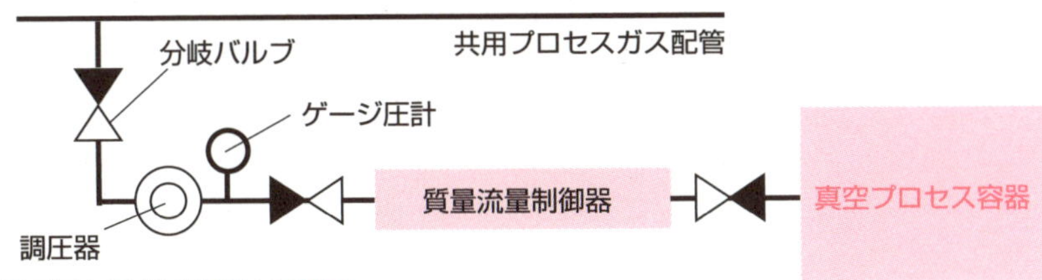

共用プロセスガス配管内の速い圧力変動を緩和して、ゲージ圧を一定化する

Column

17世紀の科学技術者の真空にかける夢

一章の中で1641年のベルティの水柱の実験から1654年のゲーリケによるマグデブルクの半球の実験まで紹介しました。この間、たったの14年です。イギリスで、ゲーリケの開発した真空ポンプを使用して気体の体積と圧力の関係を解明したロバート ボイルの「ボイルの法則」が発表された1661年まで含めても20年です。たったの20年間でイタリア、フランス、ドイツを経てイギリスへ。この時代の科学技術の伝搬の速さと進歩に驚かされます。彼らは、今回、ご紹介した業績に加えて真空に関係する種々の業績を残していますのでここで紹介します。

トリチェリの計画のもと、水銀柱の実験をおこなったヴィヴィアンニはガリレオの伝記の執筆で有名です。今日、彼の著書のお陰でガリレオの業績を詳しく知ることができます。この業績からフィレンツェのガリレオ博物館の階段フロアに彼の肖像が飾られています。

圧力の概念を確立したパスカルは「水銀柱の高さは大気圧を示している」と予想しました。

1645年、パスカルの実家があるフランス中部の町クレルモン・フェランに住んでいた義理の兄にお願いして、郊外の山ピュイ デュ ドームに上って水銀柱の高さを測定してもらいました。山の頂上では水銀柱の高さが町中より低くなることを確認し、大気圧の効果であることを立証したのです。また、彼は「実験こそが従うべき真の師である」との名言を残しています。さらに彼の死後、1663年に出版され公開された「パスカルの原理」の発見は圧力に関する驚くべき天才的な洞察力の結果として生まれたものと思えます。

ゲーリケはドイツの30年戦争の終戦二年前の1646年から1676年までマグデブルク市の市長でした。神聖ローマ帝国皇帝と議会員の前で、戦争で荒廃した市を経済特区の認定を得て復興するために真空技術に夢を託したのです。半球の実験は数回実施していて、最後の頃は直径約60cmの真空球体を16～20頭の馬で引いても離せない実験となりました。この実験は約百年後、1758年チェコの人々がマリア テレジアの前で実演するところに引き継がれています。

第 2 章

真空の分類とその特徴

9 真空はどんな種類に分けられる

4つの種類に分類

真空の種類は、日本工業規格（JIS）によって4種類に分類定義されています。名称とその圧力領域を左図に示しました。「極高真空」は「超高真空」の中に参考として記載されている名称です。現在、地球上で作製できる圧力はこの極高真空領域に入ったあたりです。しかしながら産業上・実務上ではこの「極高真空」は使用されていませんので、本書ではJISの定義のとおり4種類の分類として解説を進めていきます。

産業上で使用している圧力領域は15桁にものぼります。このような広い領域を取り扱うためには技術的ないくつかのハードルがあり、このハードルで4種類の名称と圧力領域が割り振られているのです。

真空領域の中でも圧力の高い領域を「低（粗い）真空」と呼びます。ここは、手動真空ポンプまたは簡易な真空ポンプで簡単に作ることのできる領域です。

10^{2} Paから10^{-1} Paまでの領域を中真空と呼びます。この領域までは気体は粘性流（粘性流は11項で解説します）またはこれに近い中間流の性質を持って流れます。この流れ方を利用した真空ポンプである油回転ポンプなどで作ることができます。

10^{-1} Paから10^{-5} Paまでを高真空と呼びます。高真空およびそれより圧力の低い領域では、気体は中間流から分子流に移行します。このため、分子流の排気に適した真空ポンプを使用して排気します。

10^{-5} Pa以下の圧力は超高真空と呼びます。この領域では、気体は空間中を飛行する分子数より真空容器や内部機構の壁に吸着している分子数の方が多くなります。このため壁から分子を空間中に引き出して排気するような工夫（主にベーキングと呼ぶ焼き出し）が必要となります。約百℃を超える温度で均一に加熱することで、壁に吸着している分子を気化（脱ガスと呼びます）させて排気します。このため、ベーキングに耐えるシール材などの工夫が必要です。

要点BOX

- 真空は圧力領域によって「低真空」「中真空」「高真空」「超高真空」に分類される
- 15桁の圧力領域を取り扱う

JISZ 8126-1:1999 真空技術－用語－

第１部：一般用語

低真空：圧力100 kPa～100 Pa の真空

中真空：圧力100 Pa～0.1 Pa の真空

高真空：圧力0.1 Pa～10 µPa の真空

超高真空：圧力10 µPa以下の真空

極高真空（参考）：圧力1nPa以下の真空

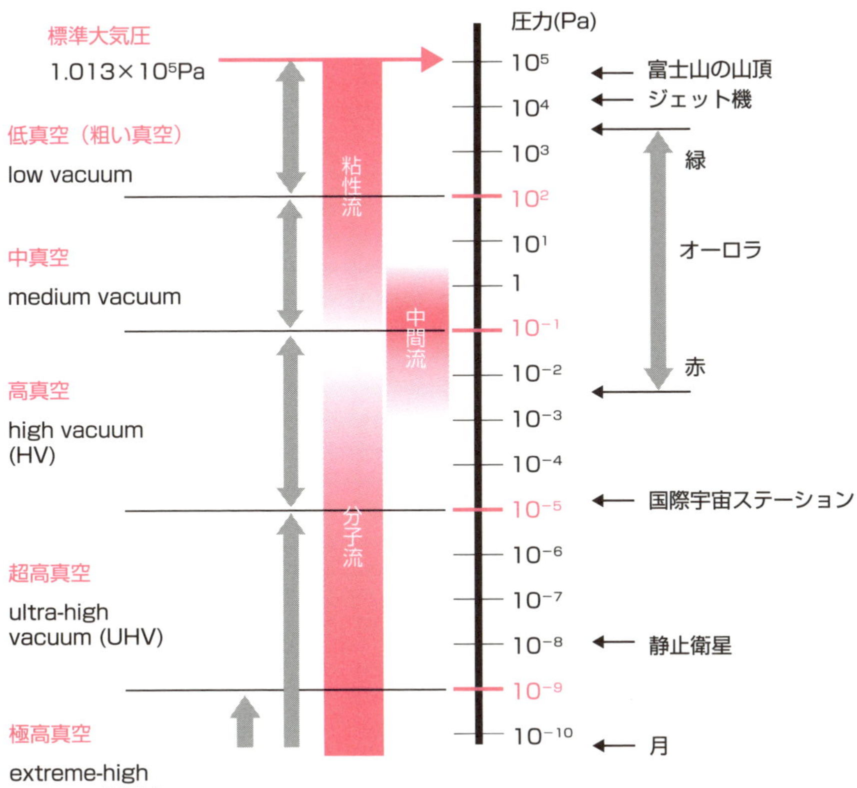

注意：「極高真空」は、JISの中では参考として記載されている。

10 真空中では気体はどう動いているのだろう

気体分子の運動

この項では真空中の気体の運動を考えてみます。真空中の気体は理想気体と見なすことができることを5項で解説しました。ここではもう少し分子運動論的な視点で見てみることにします。

真空容器内の室温付近の気体分子は、窒素や酸素がそれぞれ510、480m／s、軽い水素では1900m／sで音速340m／sより速い速度(2乗平均速度)で飛行しています。

図1に容器内の気体分子の衝突過程を示しました。速い速度で飛行している分子は、「一．気体分子間の衝突」と「二．気体分子と壁との衝突」を生じます。気体分子間の衝突では、化学反応を生じない場合、弾性衝突していると見なすことができます。1回の衝突では分子の振動や回転のエネルギーと相互作用するため弾性衝突でない場合もありますが、平均するとこのように考えて問題ありません。

一方、「二．気体分子と壁との衝突」は真空技術にとって大変に重要な事実があります。この衝突は弾性衝突しません。気体分子の種類と壁の材質・表面処理によって異なる吸着エネルギーの影響を受け、壁に入射した気体分子は壁上に吸着状態で留まった後、再放出します。留まっている時間は1秒弱から水の場合は十秒以上にもなります。これは飛行時間と比較して非常に長い時間となる現象です。図2に再放出の方向を示しました。余弦則と呼ばれている等方的に再放出します。入射の方向には関係しません。

空間中の分子同士の衝突に話しを戻します。気体分子が衝突後、次の衝突までに飛行できる距離の平均を平均自由行程λと呼びます。この平均自由行程λは左頁に示した式によって算出することができます。この計算に必要な代表的な分子の分子直径dも合わせて示しました。平均自由行程λは圧力に反比例していて、1Paの圧力の空気では約7㎜です。この値は真空技術では大変に重要な値です。

要点BOX

- 気体分子は音速より速い500m／s 程度の速度で飛行している

気体分子の衝突過程

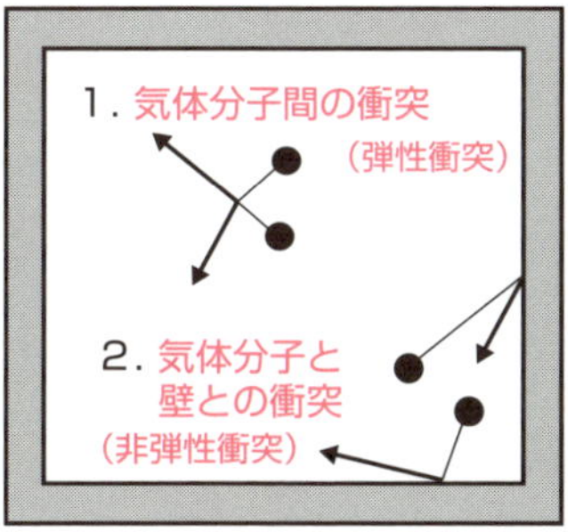

1．気体分子間の衝突
（弾性衝突）
2．気体分子と
壁との衝突
（非弾性衝突）

図1．容器内の気体分子の衝突過程
壁との衝突は弾性衝突とはならない

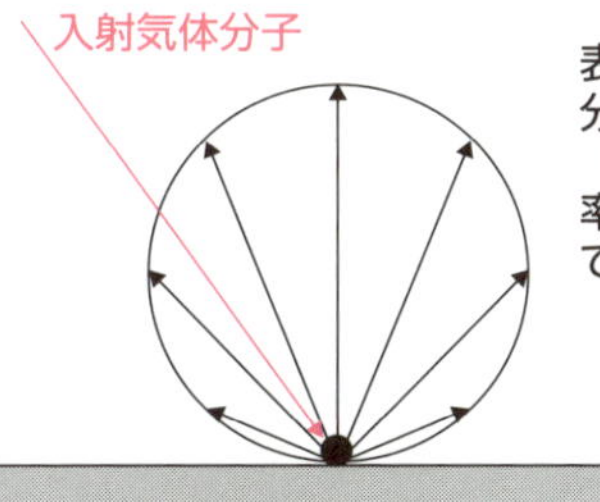

図2．表面に入射した気体分子と
余弦則による脱離の方向
入射した気体分子は壁の上に一時留まる

分子の平均自由行程　λ

$$\lambda = \frac{1}{\sqrt{2}\,\pi d^2 \rho} = \frac{kT}{\sqrt{2}\,\pi d^2 p}$$

λ：平均自由行程(m)
d：気体分子の直径(m)
ρ：気体分子の密度(個/m^3)
p：気体の圧力(Pa)
k：ボルツマン定数
1.38065×10^{-23} J・K^{-1}
T：気体の絶対温度(K)

目安　室温下での空気の平均自由行程　λ

100 Paで約0.07 mm
1 Pa で約7 mm
10^{-2} Pa で約700 mm

代表的な分子の分子直径　*d*(m)

分　子	直径*d*(m)	分　子	直径*d*(m)
水素　H_2	2.75×10^{-10}	窒素　N_2	3.75×10^{-10}
ヘリウム　He	2.18×10^{-10}	空気	3.72×10^{-10}
水　H_2O	4.68×10^{-10}	酸素　O_2	3.64×10^{-10}
アルゴン　Ar	3.67×10^{-10}	二酸化炭素　CO_2	4.65×10^{-10}

11 粘性流と分子流ってなに

気体の流れを決める

真空容器内の気体の流れ方は真空の性質を決める重要な因子です。この気体の流れ方は「粘性流」および「分子流」に分類され、この中間となる「中間流」を含めて3種類に分類することができます。「粘性流」と「分子流」の流れの模式図を左図に示しました。

粘性流はＪＩＳによって「気体分子の平均自由行程が導管断面の寸法よりも十分に小さい場合に起こる導管内の気体の流れ」と説明されています。この意味は「気体分子は壁への衝突回数よりも気体分子間の衝突回数の方が十分に大きい」ことです。気体分子の「分子間衝突」と「壁との衝突」現象の性質の違いは10項で解説しました。

同様に分子流は「気体分子の平均自由行程が導管断面の最大寸法よりも十分に大きい場合の導管内の気体の流れ」と説明されています。これは「気体分子は気体分子間の衝突回数よりも壁への衝突回数の方が十分に大きい」ことです。10項で解説しましたが気体分子は壁に衝突するといったん吸着し、秒単位に近い時間を経て、余弦則に従った任意の方向に脱離（非弾性衝突）をします。このことから、半分の分子は壁に入射した方向と同じ方向に脱離します。真空容器内の圧力を下げる気体の排気にとって、この現象は非常にやっかいな性質です。

実際の真空容器では「粘性流」と「分子流」はどのように分けられるのでしょうか。これは左式で定義されるクヌーセン数K_nの値で判定することができます。クヌーセン数K_nは平均自由行程λを流れを特徴付ける代表的な長さDで割った値です。「流れを特徴付ける代表的な長さ」とは「配管の断面の直径」とか「真空容器の直径」などです。K_nが0・01より小さい場合は粘性流、K_nが0・3より大きい場合は分子流、その間が中間流です。左頁の計算のように真空容器の大きさに依存しますが、おおよそ圧力10^{-1} Paが粘性流と分子流の境目です。

要点BOX

- 真空容器内の気体の流れは「粘性流」「中間流」および「分子流」に分類される
- この分類はクヌーセン数K_nによって判定できる

粘性流と分子流

(a)粘性流

気体分子の平均自由行程が導管断面の寸法よりも十分に小さい場合に起こる導管内の気体の流れ

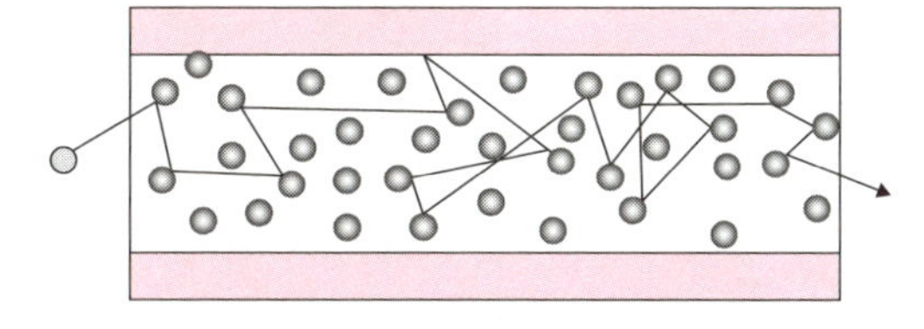

(b)分子流

気体分子の平均自由行程が導管断面の最大寸法よりも十分に大きい場合の導管内の気体の流れ

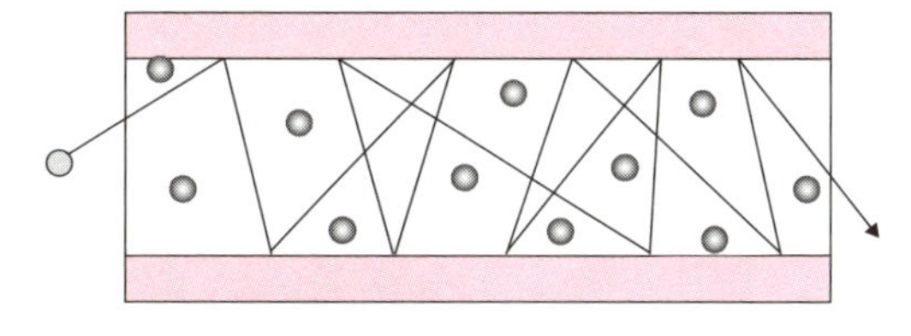

クヌーセン数　K_n

$$K_n = \frac{\lambda}{D}$$

K_n ： クヌーセン数

λ ： 平均自由行程(m)

D ： 流れを特徴付ける代表的な長さ(m)
（例えば、配管の直径）

$K_n < 0.01$ 粘性流

$0.01 \leqq K_n \leqq 0.3$ 中間流

$0.3 < K_n$ 分子流

目安　圧力10^{-1} Pa のときの流れを考えてみる

室温下での空気の平均自由行程λ

10^{-1}Pa でλ=約70 mm

直径700mm の真空容器内は$K_n = 0.1$

⇒ 中間流（分子流に近い）

直径30mm の排気配管内は$K_n = 2.3$

⇒ 分子流

圧力10^{-1}Pa 前後で粘性流と分子流の境がある

12 低真空ってどんな状態

簡単な機器でもできる

低真空とは「大気圧未満で100Paまでの真空」のことです。大気圧に近いため簡易な機器で作ることが可能ですが、2項で解説した真空の特徴の中でも特に次の特徴を実現することができて大変に役立ちます。「大気圧を感じる」「酸素が少なくなる」および「蒸発しやすい（沸点が低くなる）」です。

真空状態の圧力と大気圧との差圧から「大気圧を感じる」ことができます。4項で解説したように「圧力は単位面積当たりの力」です。この差圧を受ける面の面積と差圧の積は、この面にかかる力となります。小さな差圧でも受ける面の面積が大きいと、大きな力を取り出すことが可能です。100Paの真空でも大気圧との差圧から、1㎡当たり約百kg重に相当する力がかかることになります。

「酸素が少なくなる」ことに関しても効果的です。例えば食品の酸化防止を目的とした保存です。ここで酸化を考える場合には「酸化の量」と「酸化の速さ」の2つの概念を分けて考える必要があります。「酸化の量」は真空容器内に残っている酸素分子の数によって決まります。この数は「酸素分圧」と「気体部の体積」の積で決まります。真空容器内の圧力を下げると、それに応じて酸素分圧も低下させることができます。さらに真空容器として柔軟なパックを使用した場合、真空排気に伴って大気圧によりパックが収縮して気体が残存する空間を小さくし、酸素分子の数を低減する効果があります。「酸化の速さ」は酸素分圧に比例します。酸素分圧が半分になると酸化にかかる時間は2倍に長くなります。

また低真空下でも「蒸発しやすい」効果が期待できます。左図に水の飽和蒸気圧曲線を示しました。標準大気圧下で飽和蒸気圧となる温度が沸点です。圧力低下とともに低温で沸騰し、低真空条件下で水や氷は十分に蒸発することがわかります。この特徴は凍結乾燥などに応用されています。

要点BOX

- 低真空とは「大気圧未満で100Paまでの真空」のことで、「大気圧を感じる」「酸素が少なくなる」および「蒸発しやすい」を実現

低真空でもできること

大気圧を感じる

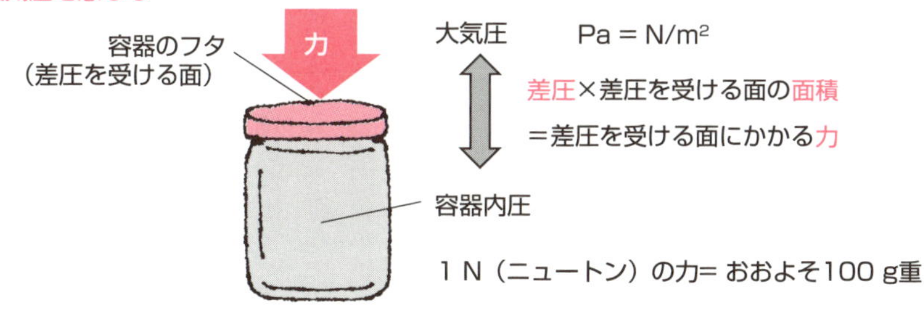

酸素が少なくなる

酸化

酸化の量：容器内の酸素分子の数に比例

容器内の酸素分子の数
＝容器内酸素分圧×容器内気体部の体積

酸化の速さ：容器内の酸素分圧に比例

注：酸素分圧とは酸素のみとしたときの圧力です

蒸発しやすい

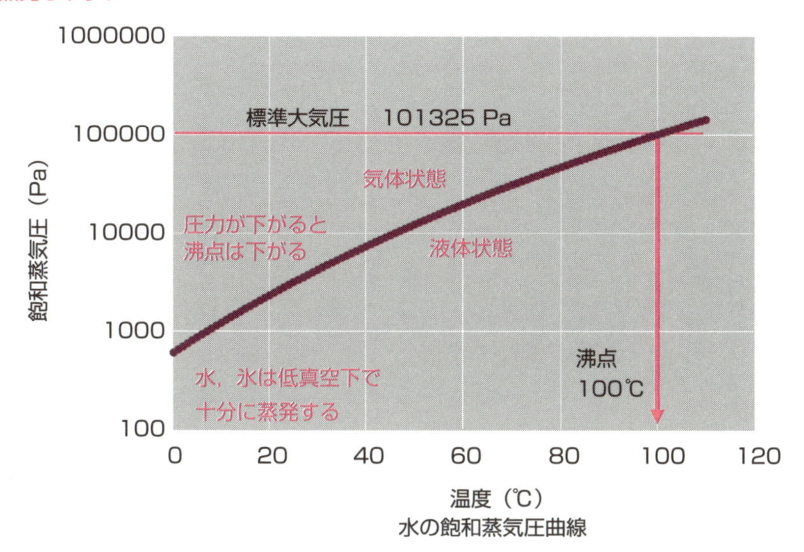

水の飽和蒸気圧曲線

13 中真空ってどんなこと

中真空とは「圧力100Paから0・1Paまでの真空」のことです。ここは主に粘性流領域で、分子流領域の手前の中間流の性質が出てきた領域までとなります。この領域になると手動真空ポンプでは難しく、粘性流領域に適した油回転ポンプ、ダイヤフラムポンプやドライポンプなどで排気して作ります。

中真空向け真空システム例とその操作手順の一例を左図に示しました。真空容器を排気するために排気バルブ、排気配管を通して真空ポンプを設置しています。真空容器内の圧力を知るためには真空計が必要です。また、真空ポンプの正常稼働を確認した後、排気開始のために排気バルブをゆっくり開放します。この正常動作の確認のために排気管内真空計が必要です。

真空容器内が真空状態のとき、真空容器のフタには大気との間に大きな差圧がかかっていて容易に開けることができません。真空容器のフタを開放するために真空容器内に大気を導入する大気リーク（導入）バルブが必要です。また、真空容器内で種々のプロセスを実施するために必要なプロセスガスの導入系統も必要です。さらに真空ポンプ停止時には排気配管内を大気圧に戻して保管します。油回転ポンプで使用している液体の油がこの排気配管内へ逆流することを防止するためです。このために大気リーク（導入）バルブ（排気配管）を設置しています。

この領域では低真空の特徴に「放電しやすい」ことが加わります。日常、身近にみられる放電の例として蛍光管があります。蛍光管は管内を真空排気後、約100～200Paのアルゴンを主とする放電ガスと水銀を導入して封止したものです。実際の放電時の圧力は低真空領域に入ったものですが、管内に存在する空気を除いてアルゴンを主とする放電ガスを導入するため中真空技術が必須ですので中真空技術に含めました。

中真空向け真空システム

要点BOX

- 中真空とは「100Paから0.1Paまでの真空」のこと

中真空向け真空システムの例

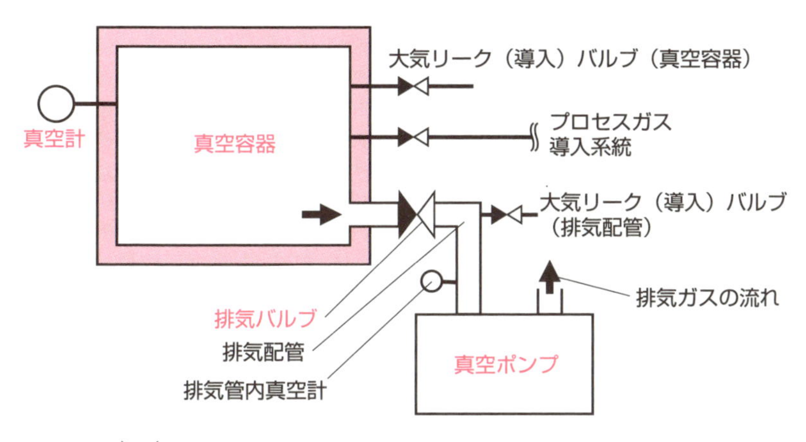

バルブ記号 ▶◁ の黒塗り方向はバルブの弁座方向を示す

中真空向け真空システムの操作手順の一例

1. 真空容器（大気開放）のフタを閉める
2. 排気バルブの閉、２つの大気リーク（導入）バルブ閉を確認する
3. 真空ポンプ ON
4. 排気管内真空計にて真空ポンプが正常に稼働していることを確認する
5. 排気バルブをゆっくり開け、真空容器内を排気する
6. 真空計にて真空容器内が目的の圧力まで排気されたことを確認する
7. 所定のプロセスガスを真空容器内へ導入し、プロセスを実施する
8. プロセス終了後、真空容器内を排気して排気バルブを閉じる
9. 大気リーク（導入）バルブをゆっくり開放し真空容器内に大気を導入する
10. 真空容器内が大気圧となってから真空容器のフタを開ける
11. 真空ポンプOFF とし、直ちに大気リーク（導入）バルブ（排気配管）をゆっくり開放して排気配管内を大気に戻す
12. 各バルブを閉じる

14 高真空ってどんなこと

高真空向け真空システム

高真空とは「圧力0・1Paから10^{-5}Paまでの真空」のことです。ここは中間流領域から分子流領域に入ります。この領域になると粘性流領域に適した真空ポンプや真空計が使用できません。分子流の排気に適した主排気真空ポンプおよび高真空用真空計に切り替える必要が生じます。システムによって異なりますが約50～10^{-2}Paで切り替えをおこないます。このように高真空を取り扱うには、主に粘性流領域を担当する粗引排気系統と分子流領域を担当する主排気系統の2系統を組み込む必要があります。

高真空向け真空システム例とその操作手順の一例を左図に示しました。基本構造は13項の中真空向け真空システムを基に、ここの排気配管は粗引配管に名称を変更し、今回は粗引配管系統を構成しています。

高真空向け真空システムでは真空容器に高真空用真空計を設置しています。この種の真空計は大気暴露をきらうため、真空容器を大気開放する際に高真空用真空計を真空保管するカットバルブを設置しています。また分子流領域を排気するのに適した主排気真空ポンプを、真空容器から主排気バルブおよび主排気配管（粗引配管より太い）を通して設置しています。ターボ分子ポンプや油拡散ポンプのような一部の主排気真空ポンプは、その後段に粘性流領域の排気に適した補助ポンプの設置が必要です。補助ポンプの機能専用に真空ポンプを設置した方が良いのですが、価格面に配慮し、しばしば粗引真空ポンプを補助ポンプとして使用する場合があります。

「熱が伝わりにくくなる」現象は分子流領域で特性を発揮します。粘性流領域では気体分子による熱伝導係数は圧力で変わりません。すなわちこの領域では真空排気しても断熱効果が得られないことになります。熱伝導係数は分子流領域で初めて圧力に比例して小さくなるため、真空断熱をするためには分子流領域まで排気することが必要です。

要点BOX
●高真空とは「0.1Paから10^{-5}Paまでの真空」のこと

高真空向け真空システムの例

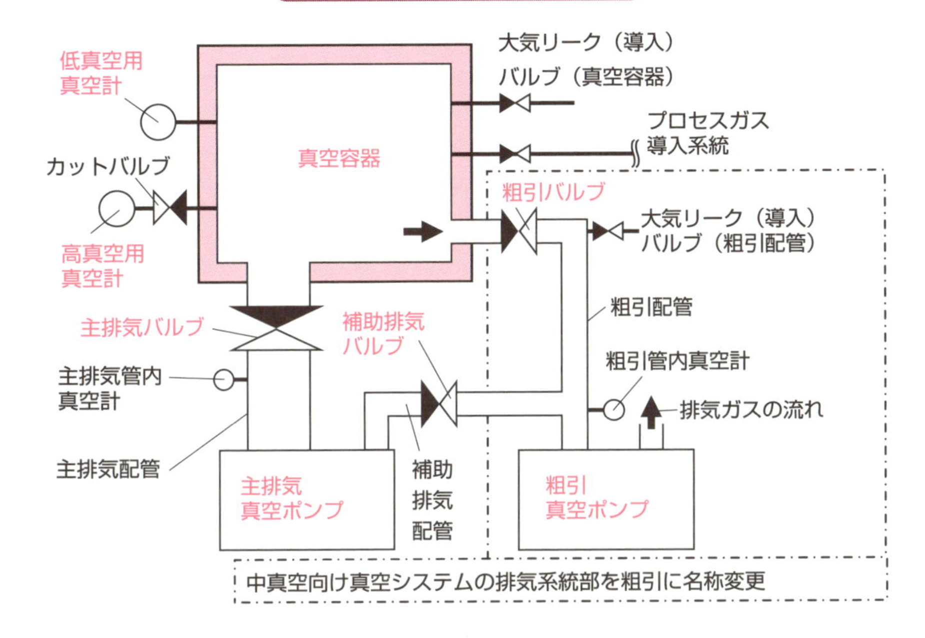

高真空向け真空システムの操作手順の一例

1. 真空容器（大気開放）のフタを閉める
2. すべてのバルブ閉を確認後粗引真空ポンプ、ON
3. 粗引管内真空計にて粗引真空ポンプの正常稼働を確認する
4. 補助排気バルブをゆっくり開けて、主排気真空ポンプON
5. 主排気管内真空計で主排気真空ポンプの正常稼働を確認する
6. 補助排気バルブを閉じ、粗引バルブをゆっくり開けて真空容器内を排気
7. 低真空用真空計にて真空容器内が目的の切り替え圧力まで排気されたことを確認する
8. カットバルブを開け、粗引バルブを閉じ、すばやく補助排気バルブを開ける
9. ゆっくり主排気バルブを開け、真空容器内を高真空排気する
10. 真空容器内の圧力は高真空用真空計で確認する
11. 所定のプロセスガスを真空容器内へ導入し、プロセスを実施する
12. プロセス終了後、真空容器内を排気して主排気バルブ、カットバルブを閉じる
13. 大気リーク（導入）バルブをゆっくり開放し真空容器内に大気を導入する
14. 真空容器内が大気圧となってから真空容器のフタを開ける

15 超高真空ってどんなこと

超高真空向け真空システム

超高真空とは「圧力10^{-5} Pa以下の真空」のことです。真空容器内の圧力が10^{-5} Pa程度になると、真空容器内の気体は飛行している分子数より壁に吸着している数の方が多くなります。超高真空を作って圧力を管理するためには壁に吸着した気体を脱離させ排気することが必要です。超高真空向け真空システム例とその操作手順の一例を左図に示しました。

一番問題になるのが壁に吸着した水分子（大気中の水蒸気に起因する）です。吸着エネルギーがほど ほど大きいので、なかなか脱離しません。このためベーキングと呼ぶ操作で真空容器全体を均一に100℃以上（通常150℃前後、ときには200℃前後）で数時間の加熱をおこないます。このベーキングは均一に加熱することが重要で温度の低い場所があると、そこに吸着水が溜まって圧力を下げることができません。分圧真空計で真空容器内の水分圧が充分に低下し、主たる残留気体が水素となってベーキングを終了します。冷却に伴って真空容器内の圧力は急速に低下します。日本で開発している重力波望遠鏡KAGRAでは3㎞ものトンネル内で超高真空を実現する必要がありますがベーキングができません。ステンレス容器に特殊な内面処理をおこなって水の再放出を容易にする工夫が組み込まれています。従来、超高真空を作るための方法から、このように新しい技術が開発されてきています。

超高真空用の真空計は熱陰極型真空計で、この計測部を直接真空容器内に挿入するヌードイオンゲージを使用します。また容器内の壁近傍にクライオパネル（例えば液体窒素で冷却した液体窒素シュラウド）を設置し壁からの気体放出を抑制する工夫も加えます。このように、超高真空の環境を作るためには大変な苦労と時間が必要です。このため大気からの試料などの出し入れは真空連通可能な高真空対応の別の真空容器を経由しておこないます。

要点BOX

- ●超高真空とは「10^{-5} Pa以下の真空」のこと
- ●空間を飛行する分子数より壁に吸着した数が多く、数時間のベーキングが必要となる

超高真空向け真空システムの例

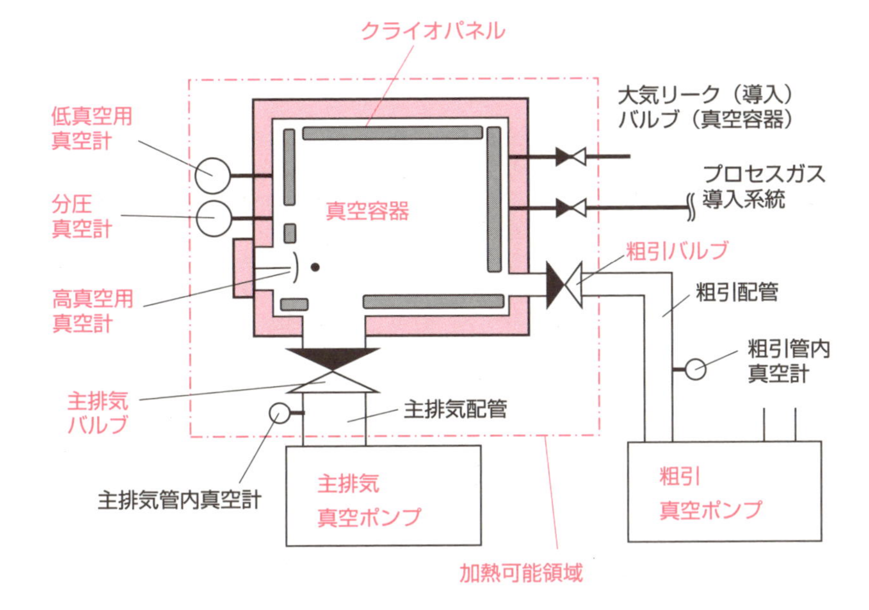

超高真空向け真空システムの操作手順の一例

0. 超高真空向け真空システムは、通常、真空容器を常時主排気真空ポンプで排気し続ける
   大気から試料などの出し入れは真空連通可能な高真空対応の別真空容器（図示していない：ロードロックと呼ぶ）を通しておこなう
1. 主排気真空ポンプで排気するところまでは、高真空向け真空システムと同じ
2. 10^{-5}Pa まで排気して分圧真空計で真空容器内の気体の種類を確認する
   窒素が十分に少なく、主たる残留気体が水となっていることを確認する
3. 真空容器全体を均一に100 ℃以上に数時間加熱保持（ベーキング）する
   残留気体の水が減少し、主たる残留気体が水素となるまでベーキングする
4. ベーキング後、クライオパネルを稼働する
5. 必要に応じてプロセスガスを導入し、プロセスを実施する
6. プロセス終了後、主排気系統により真空容器を常時真空排気継続する

Column

真空体験教室と子供たち

当大学では毎年8月の最終土日に科学教室を開催し、毎年七千人以上の子供たちと保護者の訪問があります。ここの展示の一つとして「大気と真空」のテーマで真空体験コーナーと真空観察コーナーを開設しています。

真空体験コーナーでは未就学児童および小学生と保護者を対称に、家庭のキッチンで使用する真空浅漬けキットで遊んでもらっています。手動のピストン型真空ポンプと真空保管庫を使用します。このキット一組／一人で提供し、来場者2～3名に主催の大学生一人が付くように配慮しました。体験の内容は真空保管庫の中に「風船」「シャボン玉」または「マシュマロ」を入れ、容器内を真空にしたときにどのように変化するかを体験してもらうものです。

子供たちは「風船」や「シャボン玉」でのイタズラが大好きです。どの子供たちも手動真空ポンプを使って真空排気を楽しんでいました。また容器内の「風船」「シャボン玉」や「マシュマロ」が膨らむ変化に驚いています。そして、真空排気前には簡単に開いた容器のフタが、真空排気後、全く開かなくなることに驚きます。この驚きは主催者の意図以上でした。変化の理由を考えてもらいますが、未就学児童や小学校低学年では難しいようです。大学生のお姉さん・お兄さんから説明を受け、改めてイタズラを楽しんでいました。

真空観察コーナーでは操作の難しい機器を使用して主催学生が真空実験をデモンストレーションし、来場者に見学してもらいます。真空ポンプとして油回転ポンプを使用します。真空容器内に設置した水は真空排気に伴って沸騰し、やがて氷となります。その後、大気に取り出した氷水を指でさわってもらいますが冷たいのにびっくりしています。今まで沸騰していた水が冷たいなんて…。子供たちの表情は大変に素直で大きいものです。保護者を含め真空技術と科学現象に驚きと興味を持っていただくことができました。真空技術の素晴らしさの一面と思っています。

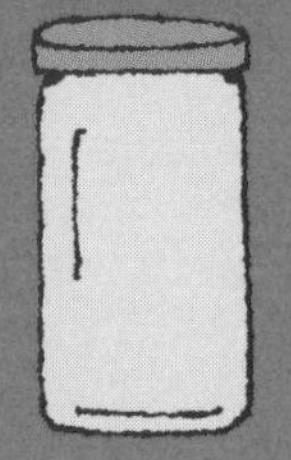

家庭の中にある真空

16 掃除と真空技術

「大気圧を感じる」の応用

家庭の中の真空機器と言えば真空掃除機です。これは最も身近な真空ポンプと真空容器そのものと言ってもよいのです。左図に真空掃除機に採用されている真空ポンプの機構一覧と真空掃除機の構造の一例を示しました。いずれの機構も送風機（ファン）をベースとした構造となっています。

初期の真空掃除機ではプロペラファンの構造が採用されていました。現在では薄く小型化しても風量が確保できるターボファンの構造が主流となってきています。家庭用ですので小型、低騒音で大風量を確保できるように羽根を含めたファンの構造が工夫されています。ファンの構造の工夫のみならず、小型省電力モータの性能改善も進歩に大きく貢献しています。

低真空に排気された集塵ケースに向かって、空気と共に空気の粘性流を利用してゴミを吸引します。この効果は真空の「大気圧を感じる」特徴を応用したもので、真空掃除機は「大気圧を感じる」機構として身近で理解しやすいものとなっています。

最近では真空下の気体の流れを工夫して、フィルタレスの集塵機能をもたせたサイクロン掃除機も一般的になってきました。このメカニズムを左図に示しました。まさに強い低気圧によって発生した気流の渦の遠心力でゴミが外壁に衝突し下降集塵されます。ゴミが除去された気流は渦の中心から上昇して排気されるのです。この構造も低気圧の構造そのものです。大きな渦（小さな風速）で大きなゴミが除去され、その後段で小さな渦（大きな風速）で微小なゴミが除去されます。実際のサイクロン掃除機は、この複数形状の渦を大きい渦から小さい渦までを直列に複数段作ることによって集塵効果を高める工夫が組み込まれています。真空掃除機は正に真空ポンプと低真空領域の粘性流を巧みに設計した真空技術の技のいったんと言えるでしょう。

要点BOX

●真空掃除機は最も身近な真空ポンプである
●サイクロン掃除機は低真空領域の粘性流を巧みに設計したものである

真空掃除機の真空ポンプ機構一覧

名称	方式	形状	差圧	風量	騒音
プロペラファン	軸流式		小	多	低
斜流ファン	斜流式		中	中	低
シロッコファン	遠心式		大	少	中
ターボファン	遠心式		大	中	中

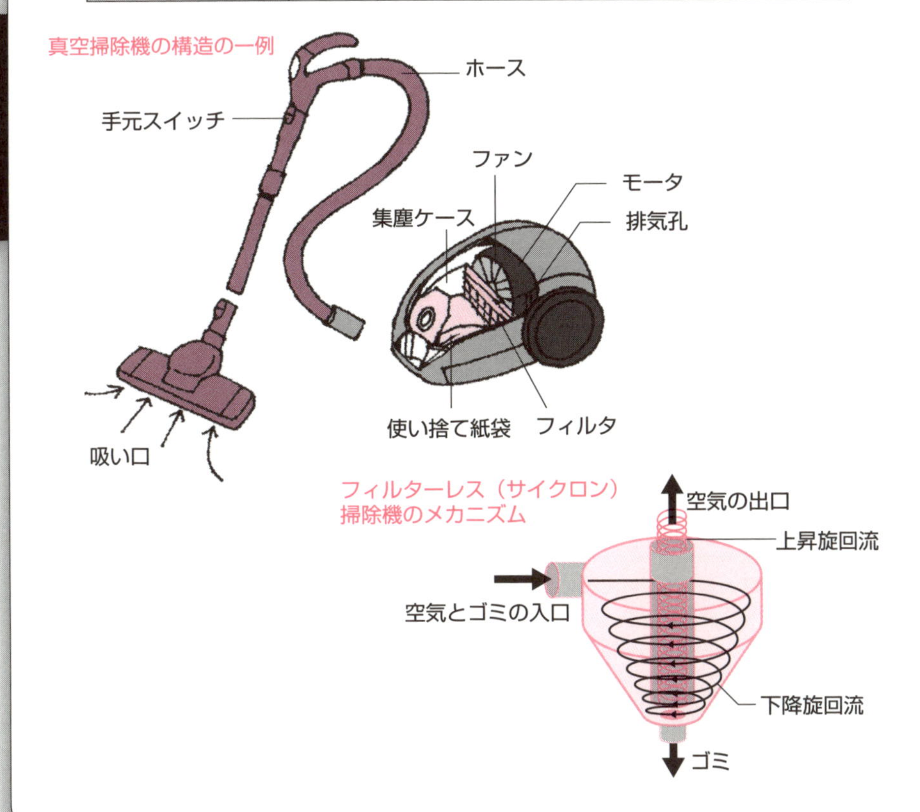

17 料理と真空技術

真空調理器具いろいろ

最近、真空炊飯器などの真空調理器がキッチンで使用されるようになってきました。真空の特徴を利用して主に次の2つの効果を応用しています。
①低温で沸騰する。
②微細穴内へ液体を充填できる。
12項で水の飽和蒸気圧と沸点に関する説明をおこなって「真空下では沸点を下げることができる」ことを解説しました。この効果を応用すると、低温でソフトな環境で調理することが可能です。

この項では特に真空下で実現できる「微細穴内へ液体を充填できる」ことを解説します。真空充填のメカニズムを左図に示しました。大気中では水に長時間浸しても微細な穴の中に水を充填することはできません。この図では微細穴を中空細管として示しました。（c）のように水に浸した状態で真空排気すると微細穴の中の気体は圧力に反比例して体積が膨張します。このため微細穴から泡となって外部に放出されます。その後、（d）のように水に浸したままの状態で大気圧に戻すと微細穴（ここでは中空細管）の中に水が入り込んで充填されます。

真空炊飯器では炊飯調理前にお米を水に浸した状態で大気圧の半分近くの圧力まで排気、大気圧（または加圧状態）でお米の中に水を充填してから炊飯を開始します。このようにお米の中に水を充填してから炊飯すると、ふっくらとしたご飯を炊くことができるようになります。また、真空保管庫としてキッチンで簡単に排気保管できるキットが市販されています。このようなキットを使用すると、保管庫としての機能のみならず真空充填を応用して出汁を食品の中に充填することができます。また、浅漬けも簡単に作ることが可能です。

食品産業ではこのような真空充填を利用して酵素を食品に染み込ませ、食品形状を維持した状態で柔らかくした病理食作製などにも応用しています。

要点BOX
- 真空下で水は低温沸騰するので、ソフトな条件で調理できる。また、真空充填を応用すると真空炊飯、出汁の充填、浅漬けができる

真空充填のメカニズム

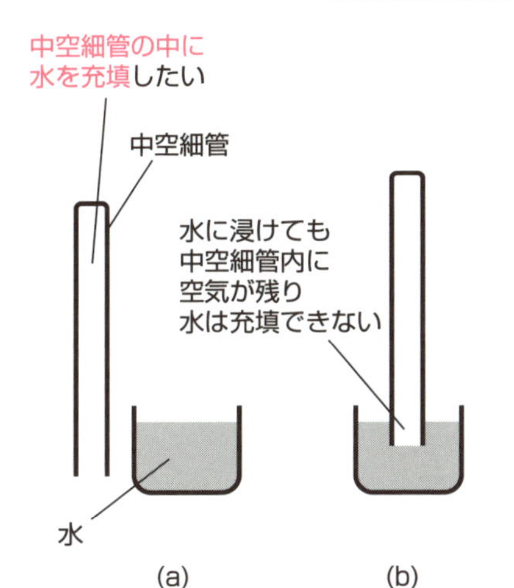

(a) (b)

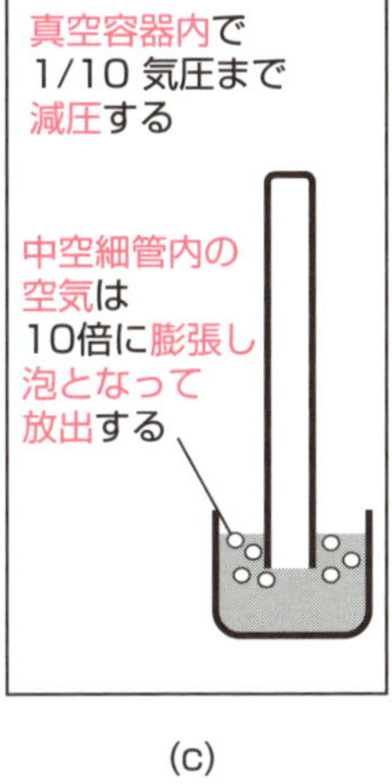

(c)

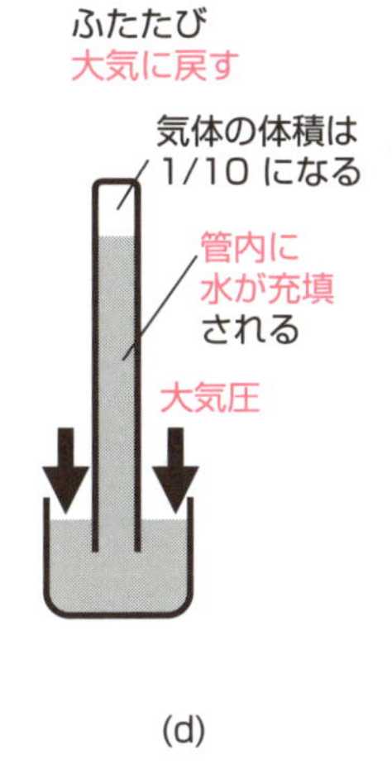

(d)

真空炊飯器の真空ひたし吸水イメージ

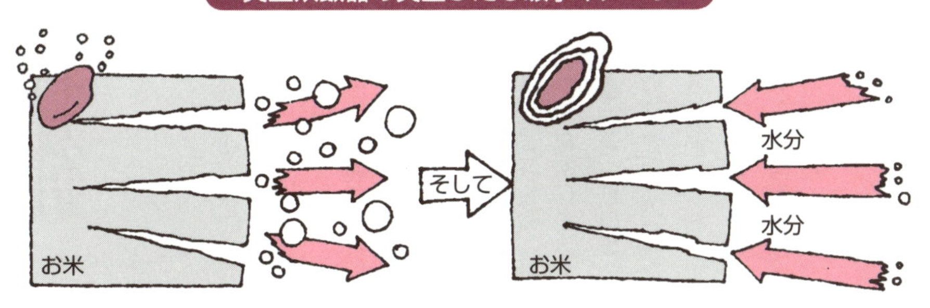

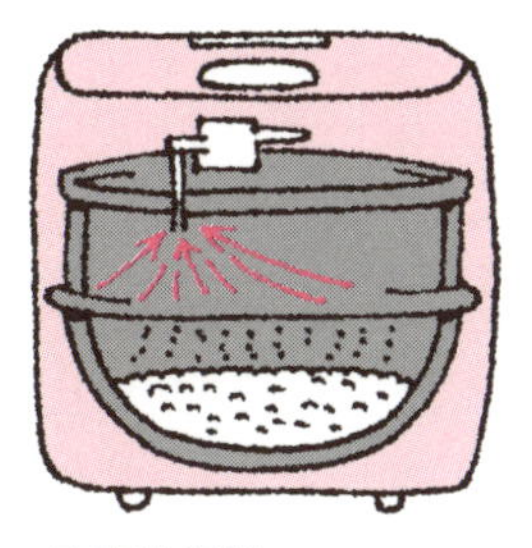

真空炊飯器

浅漬けも簡単にできる真空保管庫

手軽に真空を利用できる

18 照明と真空技術

酸素が少なくなる性質を応用

照明にも真空は使用されています。19世紀末にイギリスのスワンによって発明された電球は、エジソンによって実用化されました。実用化にあたってエジソンはフィラメントの劣化に悩まされ、京都の竹の採用と真空ポンプの工夫をおこなったことは有名な話です。真空の「酸素が少なくなる」性質を利用した製品でした。白熱電球は家庭では蛍光灯や発光ダイオード（LED）電球に置き換わり使用されなくなってきましたが、電球の原型を改良したハロゲンランプは自動車のヘッドライトなどで活躍しています。ハロゲンランプはフィラメントの材質（主にタングステン）の蒸発を抑制するため封入ガス（主に窒素、アルゴン、クリプトン）に微量のヨウ素、臭素や塩素のハロゲンを添加したものです。この改良でフィラメント温度を上げることが可能となって明るい照明が実現しました。

蛍光灯は点灯時にフィラメントを使用するため白熱電球と同じ目的で真空に依存しています。蛍光灯の寿命を決めているのはこの性能です。さらに蛍光灯は放電管であり、真空の性質の「放電しやすい」ことも重要な機能として併用しています。アルゴンの放電の中で水銀原子が発光すると、この光の中に紫外線が多く含まれます。放電管の内面に塗布されている蛍光色素（色素といっても白色です）が紫外線を吸収して可視光線を放出します。この可視光線を照明として利用しています。この蛍光色素の組み合わせで電球色、昼白色、昼光色などに分類されます。

最近は青色発光ダイオード（LED）が実用化され、色の3原色をLEDで作ることができるようになりました。現在の白色LED はLEDと蛍光色素を組み合わせて自然光に近い光を作る素子が主流で、長寿命で省エネの観点から注目されています。LEDは真空管ではありません。しかしその製造工程に真空技術は必須で、かたちを変えて貢献しているのです。

要点BOX

●照明器具の発光体は真空技術によって作られている

真空技術を使った照明

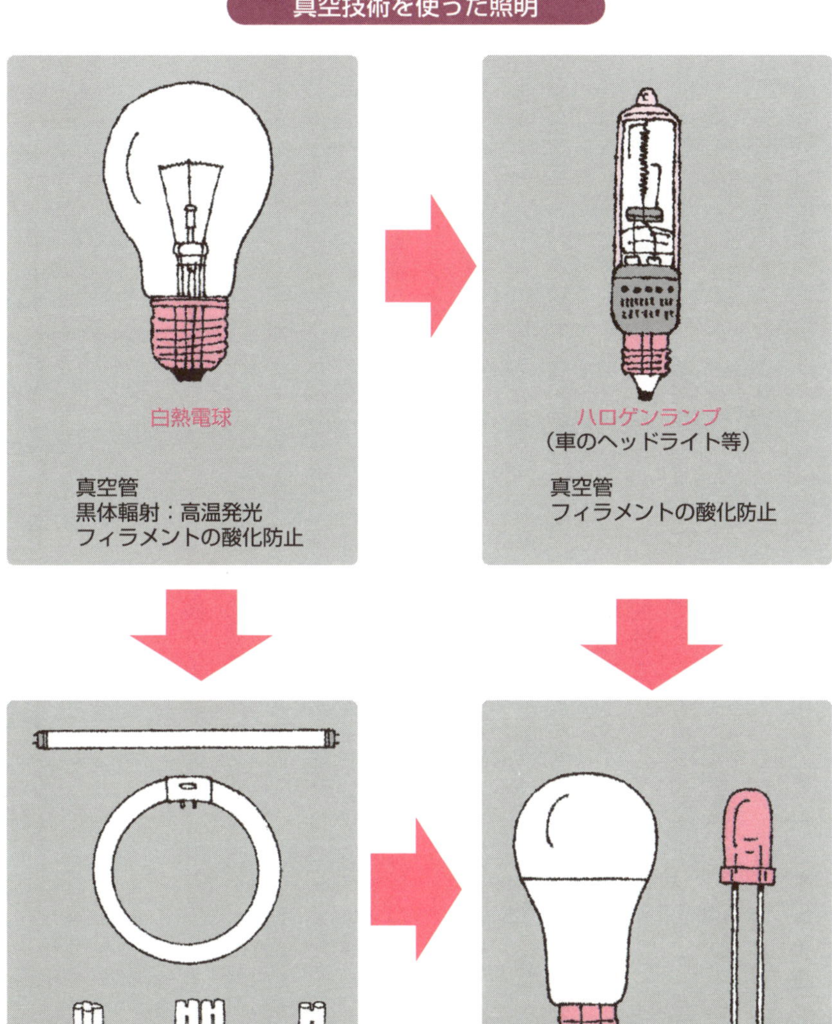

白熱電球
真空管
黒体輻射：高温発光
フィラメントの酸化防止
ハロゲンランプ
（車のヘッドライト等）
真空管
フィラメントの酸化防止
蛍光管
真空管
放電する環境
フィラメントの酸化防止

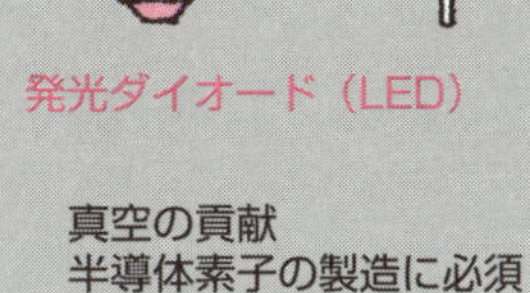

発光ダイオード（LED）
真空の貢献
半導体素子の製造に必須
半導体接合の形成など

19 テレビと真空技術

真空管から製造工程へ

近年までは、テレビと言えばブラウン管テレビでした。ブラウン管は画像を表示する画期的な素子で、百年近く使用されました。真空管の中で電子銃から放出された電子をスキャンして表示部の蛍光体に照射しイメージを表示する機器です。多くの家庭で真空管に向かって団らんを楽しんでいたのです。産業的にも、文化的にもブラウン管のような真空表示器の貢献は大きいものでした。しかしながらフラットパネルディスプレイ（FPD）の登場によって、その光景は一変しました。今ではブラウン管を知らない世代も出てきています。

液晶テレビや有機ELディスプレイのようなFPD機器は真空管ではありません。照明技術のように家庭の中に直接的に真空技術が入ることはなくなりましたが、FPD機器の製造には真空技術は欠かすことができないものとなっています。

製造工程の中で真空技術を使用している部分は、表示に必要な透明導電膜の成膜技術、ディスプレイの表示制御に必要な薄膜トランジスタ（TFT）の形成技術、EL材料のマスク蒸着技術など多くの工程があります。本項では真空工程の一例として液晶テレビの製造に必要な液晶注入に関して紹介します。

液晶テレビの液晶層部分の構造を左図に示しました。液晶層は表示のメカニズムの根幹をなすシャッタの役目をしています。このシャッタ動作は液晶間に電圧を印加することで駆動するため、光の遮断効果が得られる範囲で薄くする必要があります。動画対応の高速動作が求められるからです。このため42型液晶テレビでは液晶層の厚みは約3㎛（千分の3㎜）です。この構造を製造するためには粘性のある液晶液体を微小隙間を通して広い面積に充填しなくてはなりません。ここで活躍するのが17項で解説した真空充填の技術です。このように真空はテレビの製造に欠かすことのできない技術です。

要点BOX
- ブラウン管（真空管）テレビからフラットパネルディスプレイ（FPD）に移り変わっても真空技術は必須である

テレビに使われる真空技術

ブラウン管テレビ

真空管

電子銃から放出した電子を
スキャンして表示部の蛍光体に
照射する
（100年近く使用された技術）

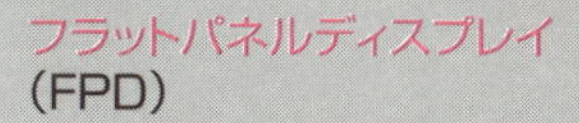

フラットパネルディスプレイ（FPD）

液晶テレビ
有機EL ディスプレイ

真空管ではないが、
その製造工程では多くの
真空技術が使用されている

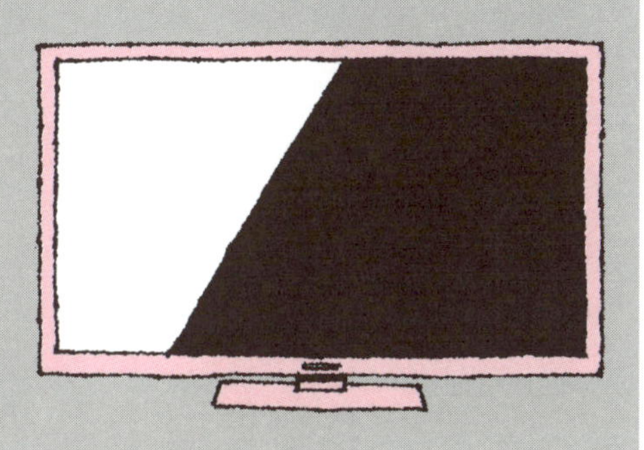

液晶注入技術

粘性のある液晶を
どのようにして
この隙間に充填するの？
（17項上の図参照）

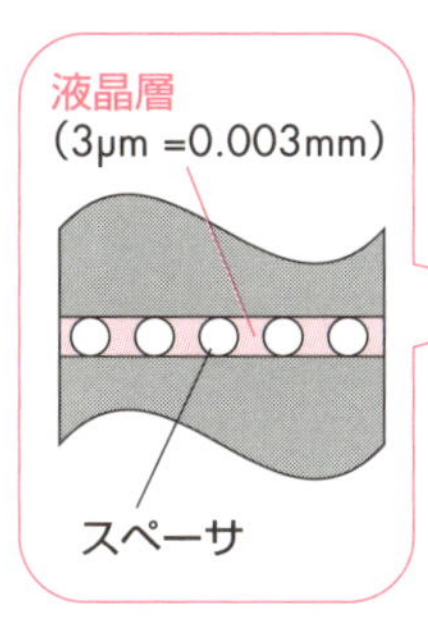

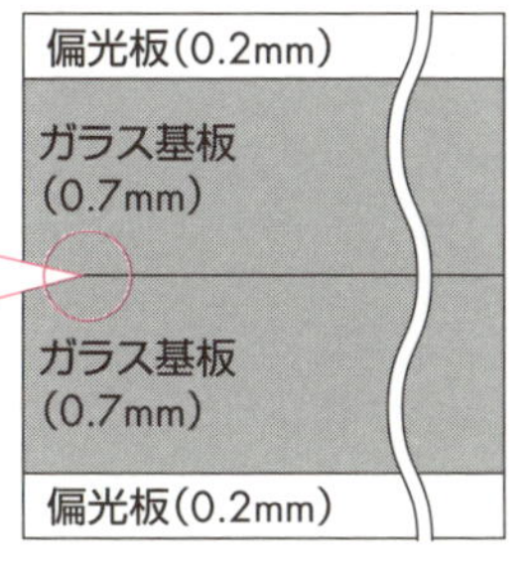

真空の技	42型の液晶テレビの液晶層
真空充填	液晶層の厚みは3 μm = 0.003 mm 程度 液晶は約1.5 g で30 滴程度

20 収納と真空技術

シールで密閉

真空技術は家庭の中の収納にも応用されています。真空パックと収納の一例を左図に示しました。布団や衣類などをコンパクトに収納するためのツールが市販されています。低真空領域でも「大気圧を感じる」真空の特徴は充分に活用することができます。

この技術はシール（密閉化）を実現するところに特徴があります。少なくとも半年間、布団・衣類の保管を維持しなくてはなりません。ビニール樹脂などを使用した柔らかいファスナが実現できて可能となりました。この部分に大気圧がかかると、素材の柔軟性から密着してシール特性が高まります。

パック内部の気体の排気には、真空掃除機を使用する場合と手動真空ポンプを使用する場合があります。大型の布団をパックするためには真空掃除機を使用した排気が有効です。一方、小型の衣類などをパックするためには手動ポンプが手軽です。

パック内の気体を排気するためには真空ポンプと同様に逆止弁が重要です。逆止弁は真空内の気体を大気側に排気するときには開き、逆に大気側の気体がパック内（真空側）に流入することを防止する機構です。柔らかい樹脂の円盤（ダイヤフラムと呼ぶ）のたわみで開閉します。通常、真空排気されているパック内に大気圧がかかっているとき、円盤はパックの入り口に大気圧の力で押しつけられて閉じた状態です。円盤の受け側も柔らかいゴム状樹脂でできていてシール特性に配慮した構造となっています。逆止弁の入り口を真空排気すると、円盤は大気の圧力がなくなり真空ポンプ側へ引かれるため、真空ポンプ側へたわんで弁が開きます。このときに、パック内の気体は真空ポンプで排気されます。

このように真空パックによる収納は、大気圧の力で圧縮するためコンパクトに収納することができますが、さらに外気を遮断しているため防湿・防虫・防カビ効果も合わせて期待できます。

要点BOX
- 真空パックによりコンパクトな収納が実現でき、大気を遮断しているため防湿・防虫・防カビ効果も期待できる

真空パックと収納

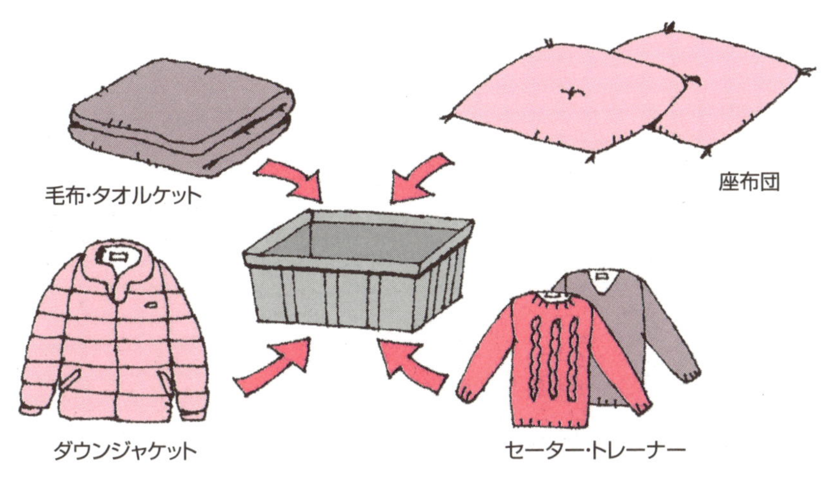

真空吸引すると、コンパクトに納めることができる
防湿・防虫・防カビ保存が可能

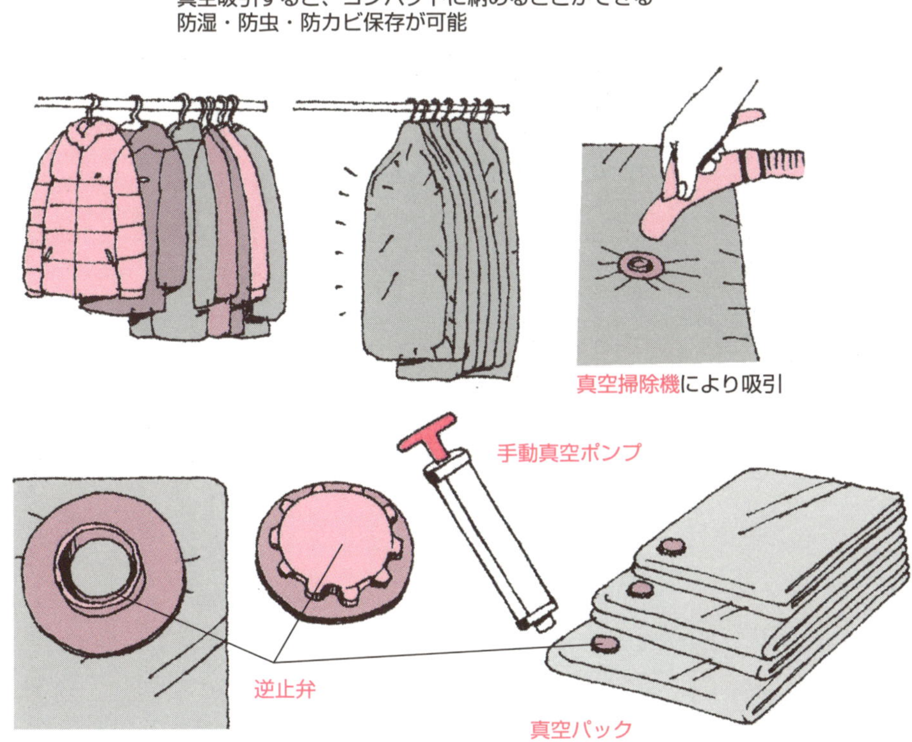

Column

身近な真空技術

本章では家庭の中の真空技術を紹介しました。真空技術が「身近にあった」ことに驚かれたのではないでしょうか。ここは真空技術の特徴の一面を表していると思っています。

真空技術は産業にとって必要な基盤技術の一つなのです。ただし、表から見える部分は個々の製品の性能であって、真空技術自体が見えることは希です。個々の製品の裏に隠れていて、それらの製品を支えている技術だからです。真空機器メーカの皆様とお話すると「真空技術者は裏方だから」との声が聞こえて来ます。

歴史を振り返ると、20世紀は電灯から始まって真空管による情報伝達技術の進歩から情報工学、文化コンテンツの革命的な進歩に繋がりました。昨今のスマートフォン、LED照明やフラットパネルディスプレイもこの延長線上にあります。もちろん、この種の進歩に平行して真空技術の進歩がありました。水銀ポンプからターボ分子ポンプ・複合形ターボ分子ポンプに、さらにドライポンプやクライオポンプなどの新しい真空ポンプの開発がありました。しかしながら、ここはあまり表に出ていません。今後、添加物に頼らない食品保存技術や電気自動車用駆動素子など多分野で将来に向け、真空技術を利用した新技術の開発が進んでいます。それと平行して、新しい真空ポンプや真空計の開発も進められています。

真空技術者には「裏方として活躍」するだけでなく、もっと積極的に表に出て「真空技術の可能性を知ってもらう努力」をしていただくことに期待します。このことは、さらに新しいトレンド製品や技術の開拓や開発の加速に繋がっていくことでしょう。大変に楽しみです。

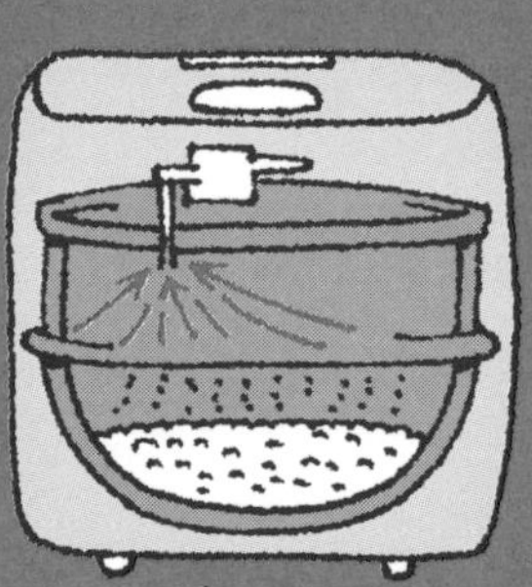

第4章 真空は産業の宝箱

21 ノーベル物理学賞と真空の関係

物理学に必要不可欠な真空技術

２０００年以降のノーベル物理学賞と真空技術との関係を左図にまとめました。私たちの生活を大きく変える機能素子の発明が４件含まれています。「半導体集積回路素子」「巨大磁気抵抗効果素子」「ＣＣＤセンサ」「青色発光ダイオード」です。これらの発明が発展してシリコン半導体集積回路、情報保存のハードディスク、携帯カメラおよび固体素子による照明などが実現しました。これらの最新機能素子によって革命的な進歩があったのです。そしてこれらの機能素子は、どの素子もすべて真空技術がなくては製造することができません。他の技術で代替することができないのです。真空の特徴である「酸素が少なくなる」や「放電しやすい」ことを利用してのみ作ることができます。

また、日本が貢献したカミオカンデやスーパーカミオカンデでニュートリノ検出に使用された光電子増倍管は真空管です。また、中間子やヒッグス粒子などの素粒子研究に使用される高エネルギー加速器の内部は超高真空が必要です。さらに重力波望遠鏡の内部も観測用レーザ光の揺らぎを防止するために超高真空となっています。これらは真空の「障害となる分子が少なくなる」特徴を活かして実現することができるのです。このようにノーベル物理学賞の３分の２は真空技術の貢献があって実現しました。

物理学賞ばかりではありません。２０１７年のノーベル化学賞はクライオ電子顕微鏡でした。電子顕微鏡は高真空下で電子を放出しレンズ効果を持たせて結像観察する装置です。ここに水を非晶質で固体化して冷凍観察する技術を組み込んだのがクライオ電子顕微鏡の技術です。この技術で生命科学が大きく進歩しました。

ノーベル賞を一例として真空技術が貢献したイノベーションを紹介しましたが、これほど貢献している基盤技術は真空技術以外になかなかありません。

要点BOX

- ●ノーベル物理学賞を受賞した4つの機能素子は、その素子の製造に真空技術が必須である
- ●ノーベル物理学賞の2／3は真空技術が貢献

ノーベル物理学賞と真空

- 素子の製造に真空が必須
- 真空技術の貢献が大きい受賞
- 真空技術が貢献していない

番号	物理学賞受賞年	受賞者	内容	真空との関係
1	2018	Arthur Ashkin Gérard Mourou Donna Strickland	光ピンセットの開発と生体システムへの応用 超高出力・超短パルスレーザーの生成方法の開発	
2	2017	Rainer Weiss Barry Barish Kip Thorne	重力波望遠鏡(LIGO検出器)および重力波の観測への決定的な貢献	重力波望遠鏡の内部は高真空 空気による観測光の揺らぎを排除するために真空は必須である
3	2016	David J. Thouless F. Duncan M. Haldane J. Michael Kosterlitz	物質のトポロジカル相とトポロジカル相転移の理論的発見	
4	2015	梶田 隆章 Arthur Bruce McDonald	素粒子「ニュートリノ」が質量を持つことを示すニュートリノ振動の発見	スーパーカミオカンデ(Super-Kamiokande)の光電子増倍管は真空管
5	2014	赤﨑 勇 天野 浩 中村 修二	高輝度で省電力の白色光源を実現可能にした青色発光ダイオードの発明	青色発光ダイオード (LED)の製造に真空技術は必須 GaN 成膜用のCVD装置
6	2013	Peter Ware Higgs François Englert	欧州原子核研究機構 (CERN) によって存在が確認された素粒子(ヒッグス粒子)に基づく、質量の起源を説明するメカニズムの理論的発見	CERNの大型ハドロン衝突型加速器 加速器の中は超高真空
7	2012	Serge Haroche David Jeffrey Wineland	個別の量子系に対する計測および制御を可能にする画期的な実験的手法に関する業績(量子コンピューター)	四重極イオントラップにおけるイオンのレーザー冷却とこのイオンの量子コンピュータへの応用
8	2011	Saul Perlmutter Adam Guy Riess Brian P. Schmidt	遠方の超新星の観測を通し	
9	2010	Andre Geim Konstantin Novoselov	二次元物質グラフェンに関する革新的実験	グラフェンの製造評価分析、表面清浄化、ドーピングなど
10	2009	Charles K. Kao Willard Boyle George E. Smith	光通信を目的としたファイバー内光伝達に関する画期的業績 撮像半導体回路であるCCDセンサーの発明	CCDセンサーの製造に真空技術は必須 カメラなどの受光素子
11	2008	南部 陽一郎 小林 誠 益川 敏英	素粒子物理学および原子核物理学における自発的対称性の破れの機構の発見 自然界においてクォークが少なくとも3世代以上存在することを予言する、対称性の破れの起源の発見	高エネルギー加速器研究機構によるB中間子の崩壊実験の観測 加速器の中は超高真空
12	2007	Albert Fert Peter Grünberg	巨大磁気抵抗の発見	GMR 素子の製造に真空技術は必須 ハードディスクの読み取りセンサー
13	2006	John C. Mather George F. Smoot	宇宙マイクロ波背景放射が黒体放射の形をとること およびその非等方性の発見	
14	2005	Roy J. Glauber John L. Hall Theodor W. Hänsch	光学コヒーレンスの量子論への貢献 光周波数コム技術を含む、レーザーに基づく精密分光法の開発への貢献	
15	2004	David J. Gross H. David Politzer Frank Wilczek	強い相互作用における漸近的自由性の理論的発見	
16	2003	Alexei A. Abrikosov Vitaly L. Ginzburg Anthony J. Leggett	超伝導と超流動の理論に関する先駆的貢献	プラズマ中の電磁波伝播
17	2002	Raymond Davis Jr. 小柴 昌俊 Riccardo Giacconi	天体物理学への先駆的貢献、特に宇宙ニュートリノの検出 宇宙X線源の発見を導いた天体物理学への先駆的貢献	カミオカンデ(Kamiokande)の光電子増倍管 光電子増倍管は真空管
18	2001	Eric A. Cornell Wolfgang Ketterle Carl E. Wieman	アルカリ金属原子の希薄気体でのボース=アインシュタイン凝縮の実現、および凝縮体の性質に関する基礎的研究	ボース=アインシュタイン凝縮を実証する場
19	2000	Zhores I. Alferov Herbert Kroemer Jack S. Kilby	情報通信技術における基礎研究 半導体ヘテロ構造の開発 情報通信技術における基礎研究(集積回路の発明)	半導体集積回路素子の製造に真空技術は必須 半導体界面構造の実現
補足	2017 化学賞	Jacques Dubochet Joachim Frank Richard Henderson	溶液中で生体分子を高分解能構造測定するためのクライオ電子顕微鏡の開発	電子顕微鏡は高真空下で電子を放出しレンズ効果を持たせて結像観察する

22 ゲーリケの夢と功績

真空技術の各種の応用

第1章のコラムで真空ポンプの発明者であるゲーリケの貢献を紹介しましたが、真空技術にかけるゲーリケの夢と貢献はこれだけではありません。ゲーリケの真空技術者としての功績を次にまとめました。

①真空容器と真空ポンプの発明
②真空クレーンの発明
③大気圧変動の観察による天気予報の成功（定点観察予報の最初の成功例）
④真空乾燥による食品保存の成功

ゲーリケは学生時代にオランダのライデン大学で勉学をしています。ここにはヨーロッパ初の工業学校が併設されていて強く影響を受けました。学業を終えて帰郷した1624年にマグデブルク市の技師として採用されます。1642年から市の財務担当官となり1646年より外交担当の市長（就任当時市長は4人）となりました。市長としてドイツ30年戦争の平和会議に出席し、敗戦で負債を背負わされ荒廃した市の復興に尽力したのです。先に解説したように帝国自由都市の権利を得るためにローマ帝国議会の開催の折にマグデブルクの半球の実演をおこなったのです。

ここで開発した技術は市の復興に直接、役に立ちました。1661年シリンダとピストンの系を製作し、シリンダの内部を真空にするとピストンに吊した重量物を持ち上げることができること（真空クレーン）を示しました。これはワットの蒸気機関に繋がる技術として評価されています。

また大気圧の変動と天候の関係に気がつき1661年に嵐の襲来予知に成功しています。定点観察での最初の予知成功例として評価されています。

さらに「ブドウは真空容器の中で乾燥する」ことを発見し、それは「半年後も食べることができる」と報告しています。これは食品の真空保存の最初の実現例となっています。

要点BOX

●マクデブルクの半球の実演をおこなったゲーリケは真空容器と真空ポンプの発明者である
●真空クレーン、天気予報、食品真空保存も実現

ゲーリケの真空ポンプ

（第3世代）

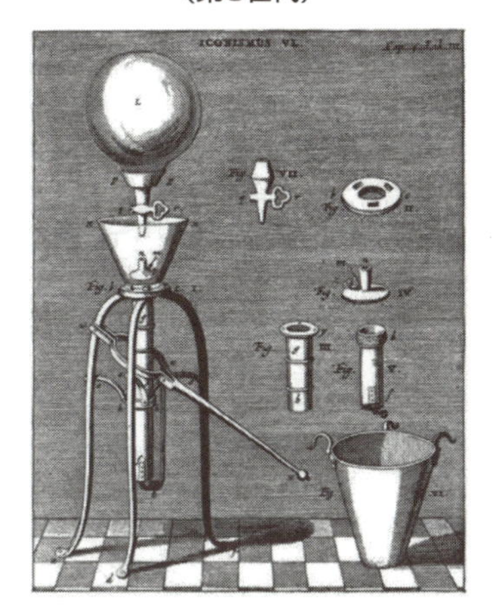

オットー・フォン・ゲーリケ

（Otto von Guericke）
1602-1686

マグデブルクの半球の実験

1653年真空ポンプで内部を真空に排気した半球は人力で離れない実演から始まり1656年20cmほどの直径の半球は6人の男達でも離れないことを実演し、1661年直径60cmの半球は16～20頭の馬で引いても離れない実演までに発展した。

23 白熱電球量産化のための真空ポンプ

エジソンの夢

19世紀の末、エジソンは照明に興味を持ち当時の主流であったガス灯、アーク灯と電灯に関して徹底的に比較検討をおこないました。その結果、排気ガスがなく省エネであることから電灯を選択し、その技術開発と実用化に夢をかけます。

白熱電球はフィラメントを通電加熱して黒体輻射光を照明に利用する技術です。左図に温度と黒体輻射波長、強度の関係を示しました。合わせて点線で人間の目の分光感度を示しています。ここから2000K以上の高温が必要で温度が高い方が輝度が大きいことがわかります。

当然、白熱電球を完成させるためには、フィラメントの酸化防止が必須で、最も重要な技術でした。材質面では黒鉛（20世紀に入ってタングステン）の選定で京都の竹の炭を見つけました。また酸素低減対策から真空技術の登場です。

当時、トリチェリの真空を作る技術を応用してガイスラーが1858年に水銀真空ポンプを考案しました。この技術を応用して1865年スプリンゲルが連続的に真空排気可能としたスプリンゲル真空ポンプ（水銀ポンプの一種）を開発しています。エジソンはこの2つの真空ポンプを組み合わせ、1880年白熱電球の量産初期に真空ポンプ系統として特許出願し使用しています。この真空ポンプ系統を左図に示しました。約0・1Paの圧力まで排気することができました。

組み込まれているガイスラー真空ポンプはバルブの開閉に合わせて水銀を上下させ、気体の吸引排気をおこないます。スプリンゲル真空ポンプは水銀柱の上部から水銀を滴下することで連続排気する構造となっています。エジソンは、このスプリンゲル真空ポンプを入手するためスミソニアン博物館に頼み込んで借用使用したそうです。また、水蒸気の排気用としてリン系のゲッタを使用したのも革新的です。

要点BOX

●白熱電球の製造にはフィラメントの酸化防止のための真空技術が必須であった

黒体からの輻射（波長と強度）

点線は人間の目の分光感度（比視感度曲線）
温度上昇に伴って明るく感じる

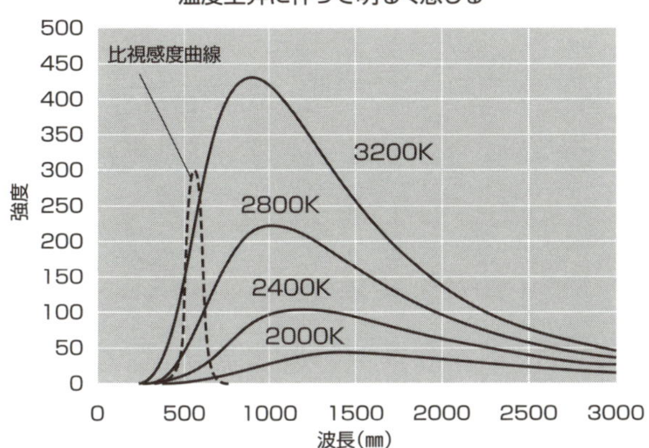

トーマス・エジソン

（Thomas Alva Edison）
1847-1931

エジソンが電球量産初期に使用した真空ポンプ系統

（米国特許248425　1880年出願）

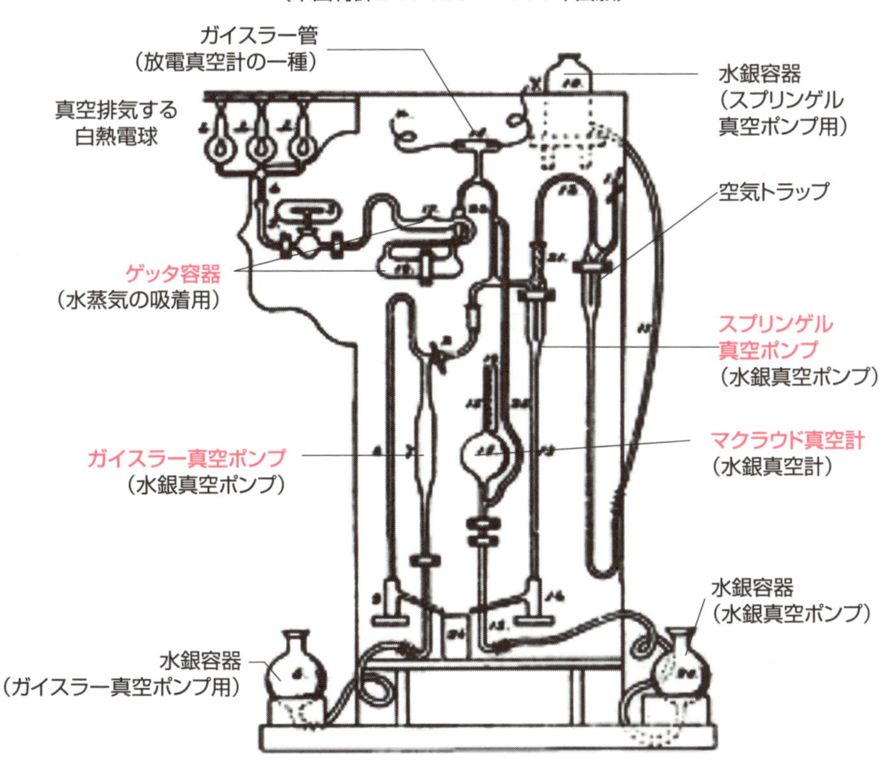

24 真空技術の上に成り立つ電子産業

製造過程に不可欠

エジソンの白熱電球から、二極真空管による整流技術、三極真空管による信号増幅技術が開発されラジオ放送の開始とともに電子産業がスタートしました。さらにブラウン管による画像技術も平行して進みました。現在は真空管から半導体集積回路素子へ、ブラウン管からフラットパネルディスプレイへと移行し直接的に真空管が家庭に供給されることはなくなりましたが今でも電子産業は真空技術の上に成り立っていることに変わりはありません。

電子産業にとって半導体の界面制御を駆使した接合形成による固体素子の製造は大変に重要です。固体の清浄表面を取り扱い、ここには真空技術が必須なのです。左式に気体分子の表面への入射頻度を算出する計算式を示しました。気体の圧力が高くなると固体表面に入射する分子の頻度数は比例して増加します。10^{-5} Paの超高真空に入る圧力まで真空環境を実現しても、室温の空気が清浄表面に1分子の吸着層を形成してしまうまで24秒です(63項参照)。このことから不純物を含まない界面を作ることがいかに大変であるか理解いただけると思います。

真空を使用した電子デバイスの製造工程の一例を左図に示しました。このような多くの工程で真空を必要としています。上記のように清浄環境を必要とする点と「放電しやすい」特徴を生かすためです。スパッタリング技術による成膜やリアクティブイオンエッチング(RIE)技術による微細パターンの形成技術はプロセスプラズマを使用した技術です。ここでも真空の特徴を生かして使用されています。

さらに、半導体の不純物準位の形成に必要なイオンインプランテーションや分析・解析技術として必要な電子顕微鏡、質量分析、電子線回折などの工程も真空の「障害となる分子が少なくなる」特徴を生かしています。このように最新の電子デバイスも真空技術から生まれてきたものの1つです。

要点BOX

- ●電子産業にとって半導体材料の薄膜形成およびその界面制御が大変に重要である
- ●電子デバイスは真空技術から生まれた

気体分子の表面への入射頻度Γ（$m^{-2}s^{-1}$）

$$\Gamma = \frac{p}{\sqrt{2\pi mkT}}$$

Γ：入射頻度（$m^{-2}s^{-1}$）
p：圧力（Pa）
m：分子質量kg
k：ボルツマン定数　1.38065×10^{-23}J/K
T：絶対温度（K）

真空を使用した電子デバイスの製造工程の一例

1 熱プロセス

- アニール
- 酸化･窒化
- 不純物拡散
- 焼結（シンタリング）
- 真空接合

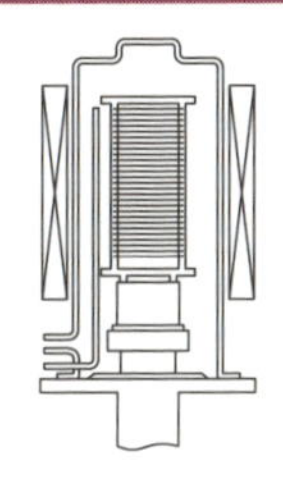

2 成膜プロセス

- 真空蒸着
- スパッタリング
- 化学気相成長（CVD）
- イオンプレーティング

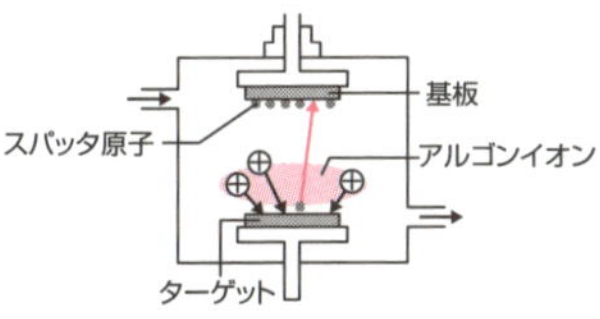

3 エッチングプロセス（クリーニング）

- スパッタエッチング（クリーニング）
- ラジカルエッチング（クリーニング）
- アッシング
- リアクティブイオンエッチング（RIE）
- イオンビームエッチング

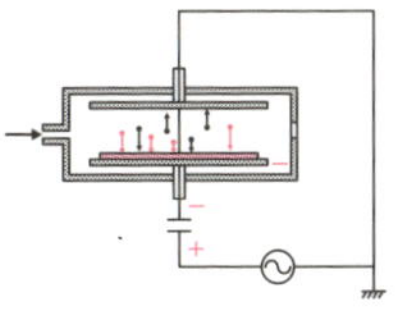

4 その他

- イオンインプランテーション
- X線･EUV露光装置

5 分析（解析）プロセス

- 電子顕微鏡
- エネルギー分散型X線分光
- 質量分析
- 電子線回折

25 自動車を作るには真空技術が必須なのだ

自動車産業と真空

自動車産業は産業全体の牽引役であることは広く知られています。自動車産業は進歩を続けてきましたが、環境配慮・省エネや自動運転化など、益々開発の速度が速くなっています。実は真空技術は、この自動車の開発・製造を支える重要な基盤技術の一つとなってきました。従来はハロゲンランプ前照灯、防眩式ルームミラーの薄膜コーティングなどの限られた分野でのみ真空技術が使用されていました。

元々、半導体機能素子、画像センサなどの各種センサ、フラットパネルディスプレイなどの表示素子、各種通信素子、照明用LEDなどの開発・製造に真空技術は必須です。自動車へこれらの先端機能素子の搭載が急速に進んでいます。左図のように自動車全体へ機能素子の組み込みが展開され、検討されています。

自動車の最も重要な部分は駆動系統です。従来のガソリン車では制御用のシリコン半導体素子が使用されていました。一方、環境対策・省エネの観点からハイブリッド車や電気自動車へと移行が進んでいます。もちろん従来から使用されているシリコン系の制御素子も併用されますが、このモータ車の駆動制御用としてパワーインバータ素子が注目されています。駆動電圧が低い地下鉄銀座線で実装され実績が証明された炭化シリコン素子も搭載に向けて開発が進んでいます。

CCDやCMOSセンサなどの画像センサの重要性も高まってきました。人や物体を認知し、安全対策や自動運転へ繋げる役目です。昨今、ドライブレコーダの重要性も認知されてきました。ドライブレコーダは画像センサのみならず、情報保存部分の素子も真空技術によって製造されたものです。

このように自動車の発展に真空技術で製造された各種機能素子の搭載が進み、これに伴って真空技術は自動車産業を支える重要な基盤技術になりました。

要点BOX

●自動車全体に真空技術で製造された各種機能素子が搭載され、真空技術は自動車製造に必須の基盤技術となった

自動車の発展と真空

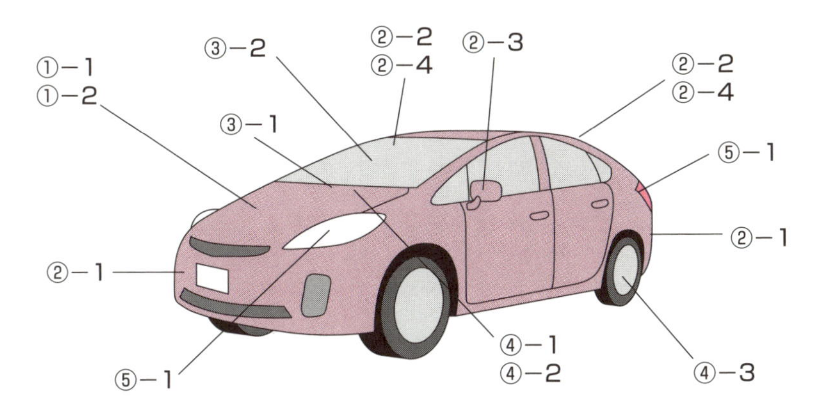

1 制御素子およびパワーエレクトロニクスの重要性

①−1 自動車制御用シリコン半導体
①−2 電気自動車の駆動用のパワーインバータ素子
（シリコン素子から SiC などのワイドギャップ半導体へ）

2 画像センサ、各種センサの重要性

②−1 老齢化社会での運転ミスの対する安全対策
②−2 ドライブレコーダの運転情報記録
②−3 バックミラーから画像センサへ
②−4 自動運転化に伴う状況認識

3 多機能表示デバイスの搭載

③−1 アナログメータからフラットパネルディスプレイへ
③−2 フロントガラスでの直接表示

4 通信機能の充実

④−1 カーナビ、自動運転のための衛星通信
④−2 渋滞情報取得などの取得
④−3 タイヤ空気圧センサなどの車内間通信

5 省エネ、メンテナンス性向上

⑤−1 前照灯などの照明のLED化

26 種々の医療機器で真空が使われている

医療と真空

医療の現場で使用されている種々の医療機器にも真空技術は使用されています。例えば医療機器の代表例であるX線撮影（レントゲン撮影）においても、その根幹であるX線源は真空管です。真空技術なくしては医療現場でX線を発生させて使用することはできません。

左図にX線管の断面構造を示しました。フィラメント型の熱陰極から熱電子を放出させます。その電子を電界によって加速し陽極である銅ターゲット（タングステンやモリブデンが使用されることもある）へ入射することでX線を発生させます。フィラメントで生じた電子を空間中で加速し、気体分子と衝突しないように銅ターゲットへ導くために真空が必要なのです。

近年ではさらに発展したX線コンピュータ断層撮影（CT撮影）が多く使用され高度医療に役立っています。当然ながら、ここで使用されているX線管も真空管です。また、がんの診断に威力を発揮している陽電子断層撮影（PET）の陽電子源も真空機器の1種です。

このような画像診断には種々の画像センサが重要です。CT画像のX線センサやPET画像のγ線センサに使用されているマルチチャンネルプレートは、これもまた真空管の一種です。最近では固体受光素子も使用されるようになってきましたが、これらの受光素子は半導体の接合技術が重要であって、真空技術なくしては作ることができません。

これらの高度医療機器のみならず、簡素な機器でも真空は使用されています。例えば採血の現場で、左図に示したように真空採血管が使われています。真空の吸引力で血液を管の中に導きます。また、痰や粘液を吸引するための真空吸引器は正に真空ポンプ搭載の真空機器です。このように医療現場でも真空技術は活躍しているのです。

要点BOX

●X線撮影、CT撮影で使用するX線管は真空管であり、真空技術なくしては医療現場でX線を使用することができない

X線、CT撮影診断

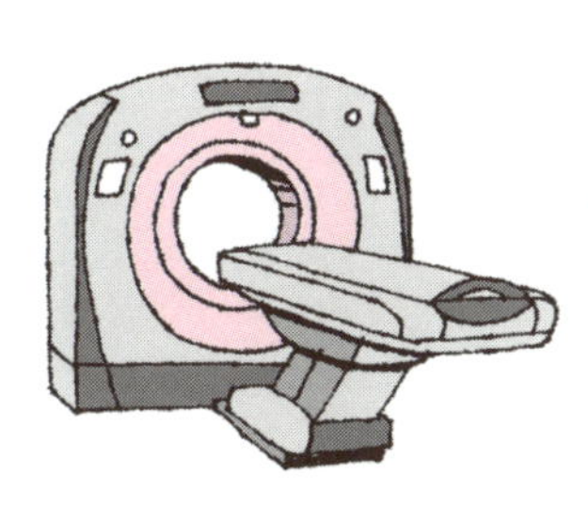

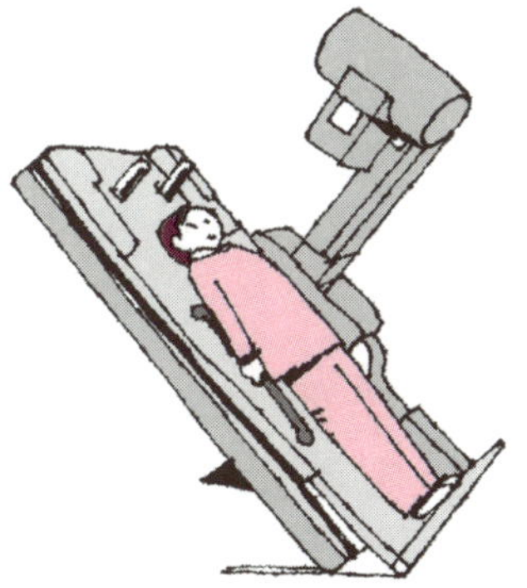

X線管（真空管）

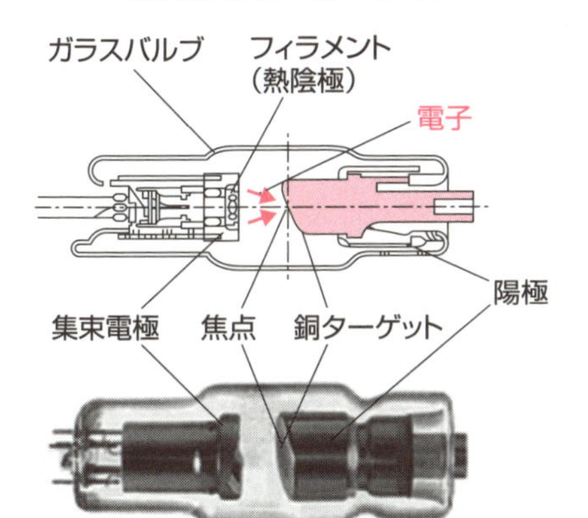

真空採血管

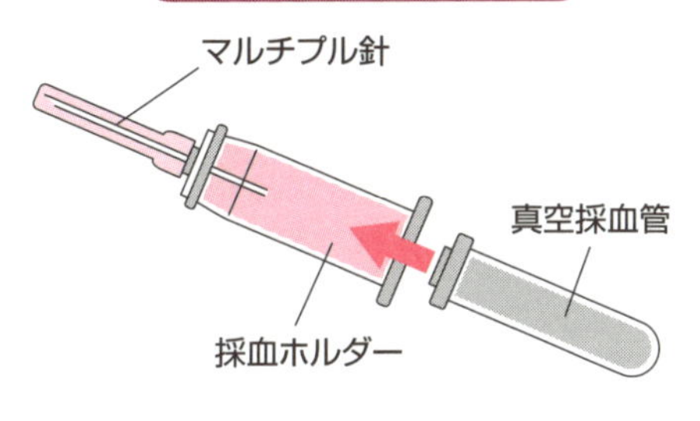

真空吸引器と構造

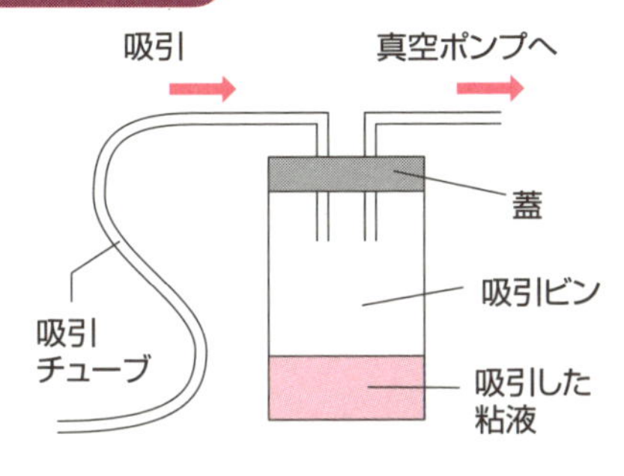

医療と真空

❶X線撮影診断（レントゲン撮影）のX線管
❷CT撮影診断のX線管
❸陽電子断層撮影（PET）の陽電子発生源
❹各種画像診断用センサの製造
❺真空吸引を利用した医療機器

27 薄膜は真空プロセスによって形成される

光学と真空

眼鏡のレンズ表面には淡緑色または淡青色の膜がコーティングされています。この膜はレンズ表面での光の反射を抑制（反射防止膜）したり、ディスプレイからの有害な紫外線をカット（ブルーカットやUVカット）したり、レンズの表面にキズを付きにくく（ハードコート）したりする役目を果たしています。実はこのような反射防止膜などはテレビのディスプレイ表面にも形成され、外光の反射を防止して画像を見やすくしています。

これらの薄膜は真空蒸着やスパッタリングなどの真空プロセスによって形成されます。可視光線の波長は400㎚から800㎚です。これは髪の毛の直径の百分の1程度のオーダーとなります。これらの波長に近い膜厚の透明膜（誘電体と呼ばれている）を積層すると反射率を小さくした反射防止膜、逆に反射率を大きくした増反射膜、波長カットフィルタなどを製造することができます。このときには目的の部品表面に膜厚を均一にする必要があり、真空技術を使った高度な膜厚制御が必要となっています。

反射防止膜（ARコート）の原理を左図に示しました。通常、ガラスの屈折率は1・55程度です。レンズは屈折率が大きくなると薄くすることが可能です。このため通常の眼鏡レンズは屈折率が1・60～1・76となっています。ところがレンズの屈折率が大きくなると表面の反射率は大きくなってしまうのです。例えば屈折率1・70のレンズを使用するとしましょう。このときには約6・7％も反射してしまいます。レンズの表面に1層、透明な屈折率の小さい誘電体膜を形成すると誘電体膜の屈折率1・30のときに反射率は最低の約3・5％が得られます。実際はさらに多層膜として改善効果を実現しています。

このように光学技術には高度に膜厚制御された表面コート技術が必要でここに真空技術が使われています。

要点BOX

●光学には反射防止膜、増反射膜、波長カットなどの薄膜技術が重要であるが、高度に膜厚を制御した薄膜形成には真空技術が必須

反射防止膜（AR コート）の原理

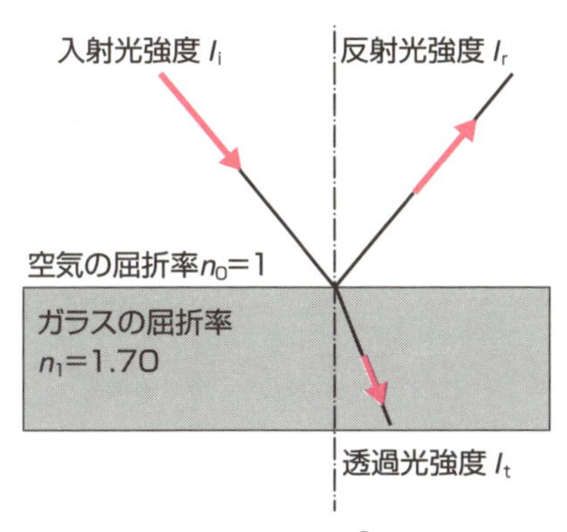

入射光強度 I_i

反射光強度 I_{i1}

反射率 R_1

反射光強度 I_{i2}

空気の屈折率n_0=1

誘電体膜の屈折率n_2

反射率 R_2

ガラスの屈折率

n_1=1.70

透過光強度 I_t

$$反射率R=\frac{I_r}{I_i}=\left(\frac{n_0-n_1}{n_0+n_1}\right)^2=0.0672$$

約6.7%の光が反射する!

$$反射率R=R_1+R_2=\left(\frac{n_0-n_1}{n_0+n_1}\right)^2+\left(\frac{n_2-n_1}{n_2+n_1}\right)^2$$

誘電体膜を付けると
その膜の
屈折率= 1.30のとき
反射率は約3.5%と
最小になる

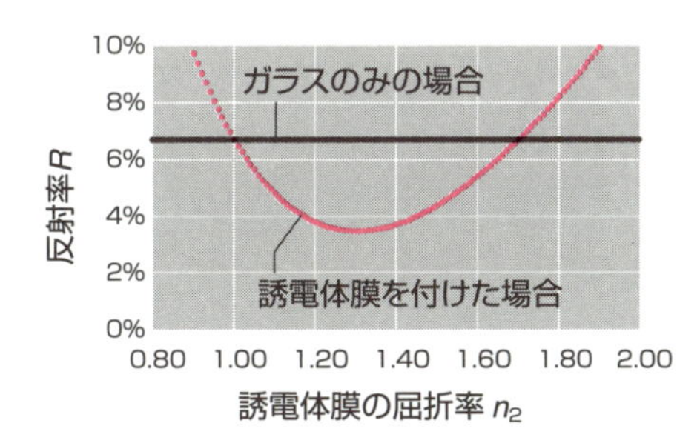

光学と真空

❶反射防止膜（ARコート）の形成
❷増反射膜（HRコート）の形成
❸傷防止膜（ハードコート）の形成
❹波長カット（UVカット、IRカット）フィルタの製造
❺バンドパスフィルタの製造
❻ハーフミラーの製造
❼レーザ用エタロン製造

28 缶詰やレトルト食品、フリーズドライまで

食品と真空

食品産業の多くで真空技術が使われています。古くから知られている缶詰やレトルトパックは身近な例です。缶詰は水蒸気または真空雰囲気で缶のフタを締め、冷却すると内部は真空となります。この状態で百℃以上の温度で高温加熱調理します。真空状態で脱酸素されているため酸化防止効果があるとともに、高温加熱調理と同時に殺菌されるため長期に保存することができるのです。

高温加熱をおこなわない状態でも真空パックとして使用されています。酸化防止効果を期待して長期保存するためです。主に穀類などの長期保存に使用されますが、生食品は殺菌されていませんので冷蔵保存が必要です。この酸化防止効果を期待した冷蔵保存＋真空は真空チルド冷蔵として知られています。

真空状態では水は低温で沸騰します。この効果を使用したのが真空調理で、当初、フォアグラの調理方法として低温・脱酸素状態で長時間加熱すると風味をそこなわない調理ができるとして提案されました。

さらに、この低温蒸発効果を発展させたのが真空凍結乾燥(フリーズドライ)です。インスタントコーヒー、乾燥果物チップなどの製造で使用されている技術です。12項に水の飽和蒸気圧曲線を示しました。0℃の水・氷でも約600Paの飽和蒸気圧を持っています。これは低真空領域の技術で、現在の真空技術で簡単に真空排気することができるのです。

また、17項で解説した真空充填を利用した食品製造があります。家庭でも真空炊飯器として使用されていることを紹介しました。この技術を応用すると食品の中に消化酵素を注入することが可能となります。食品の形状を損なわずに、流動食に近い柔らかい食品を作ることができるようになりました。流動食に比較して、見た目も味わえる老人食・病人食として喜ばれています。真空技術は缶詰から最近の新しい食文化の発展にも貢献しているのです。

要点BOX

●缶詰やレトルトパックは昔からの真空保存技術であり、真空凍結乾燥、真空チルド冷蔵、病人食の製造など新しい食文化の発展にも貢献

缶詰の真空シール構造

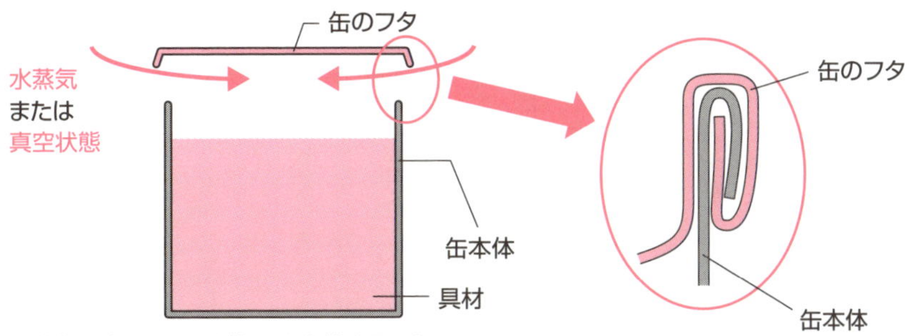

水蒸気を吹きかけながらフタを締めることで
冷却すると内部は真空となる
または、真空排気しながらフタを締める
（高真空缶詰）

缶詰のシール（二重巻締）構造

真空パック

真空凍結乾燥装置

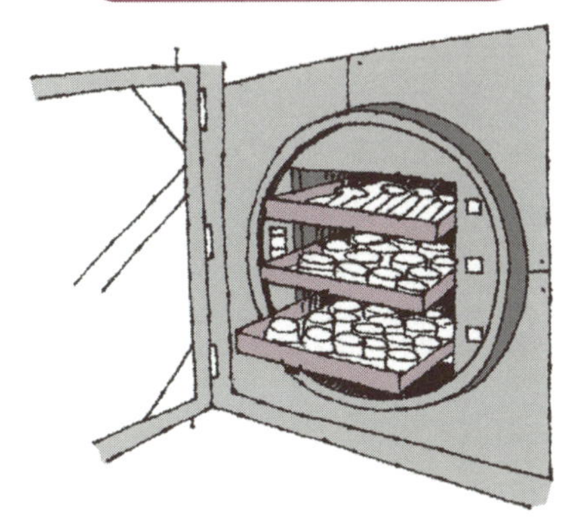

食品産業と真空

❶**真空シール＋高温殺菌**
缶詰、高真空缶詰、レトルト食品

❷**真空シール**
真空パック、真空チルド冷蔵

❸**真空調理**
減圧加熱

❹**真空凍結乾燥**

❺**真空充填**
真空炊飯器、病人食製造

真空調理機

29 太陽電池や光触媒の分野で利用される

エネルギーと真空

エネルギー産業と真空の関わりには大きな変遷がありました。原子力の利用です。原子炉は大きな真空容器で、ここで核反応を生じてエネルギーを取り出します。しかしながら震災のよる事故以来、原子力利用から自然エネルギーの利用にシフトしました。

ここでは創エネの観点から太陽光利用と真空技術に焦点を当てて解説します。まず、最も実用化されている光熱変換技術への真空応用を紹介します。左図に真空ガラス管ヒートパイプ型太陽集熱器とその構造を示しました。太陽光は集熱・吸収層で吸収されて熱になります。この熱をヒートパイプで輸送し、水を加熱して給湯系統で供給します。ここで真空技術は2重真空ガラスによる真空断熱に利用されています。太陽光で発熱した集熱・吸収層の熱を外気へ逃がさない重要な役目を果たしています。

次に太陽光を利用した光電変換技術を紹介します。ここからは24項で解説した半導体の薄膜形成技術が応用されています。光電変換素子すなわち太陽電池、特に薄膜太陽電池の製造に真空技術は不可欠です。酸化スズ系の透明導電膜の成膜から、各半導体層の薄膜積層形成、金属電極膜形成に関する素子製造の一番重要な部分は真空プロセスです。不純物濃度を管理して、積層時の界面特性を得る必要があるからです。この重要性は入射頻度の解説を含めて24項で解説しました。

太陽エネルギーの利用という植物の光合成があり、このメカニズムに近い系を藤嶋昭先生が酸化チタンの半導体電極で実現したのです。光触媒と呼ばれる技術です。この技術は太陽光を化学エネルギーに変換する技術で、変換後のエネルギーの貯蔵が簡単であることが特徴です。現在は酸化チタンや他の有機物系を含めた半導体材料で実現する工夫がおこなわれ、それらの薄膜形成に真空技術が応用されています。

要点BOX

●エネルギー産業と真空技術の関係は大きな真空容器である原子炉から自然エネルギーの利用へ変化してきた

真空ガラス管ヒートパイプ型太陽集熱器と構造

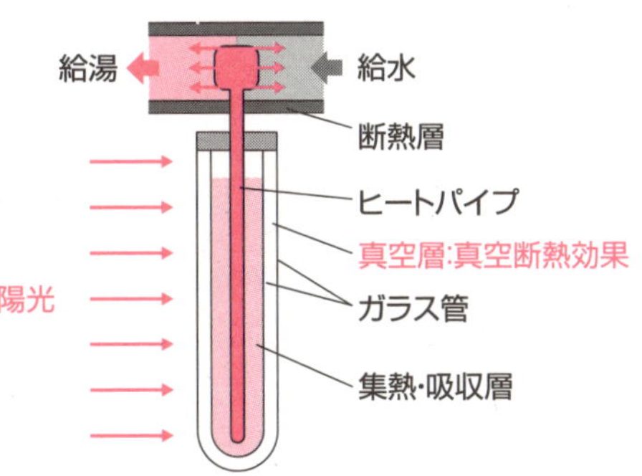

薄膜太陽電池（光電変換）と構造

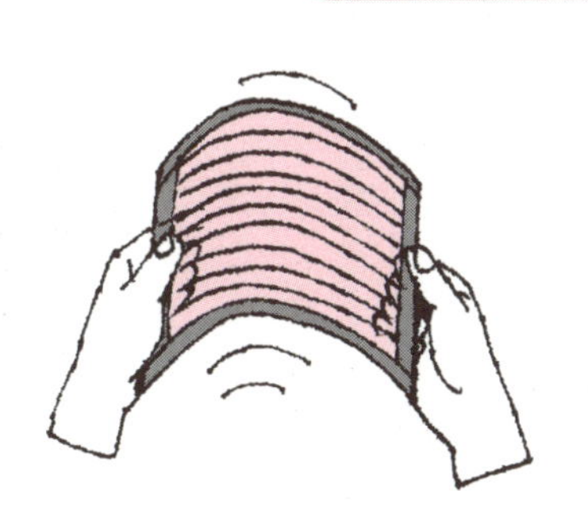

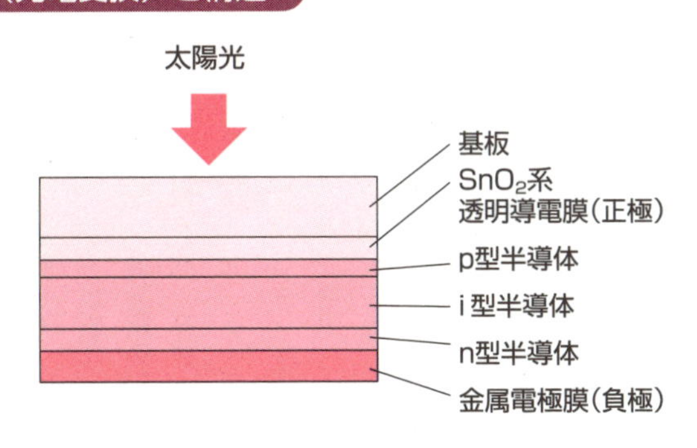

光触媒による水の分解（光を化学エネルギーへ変換）

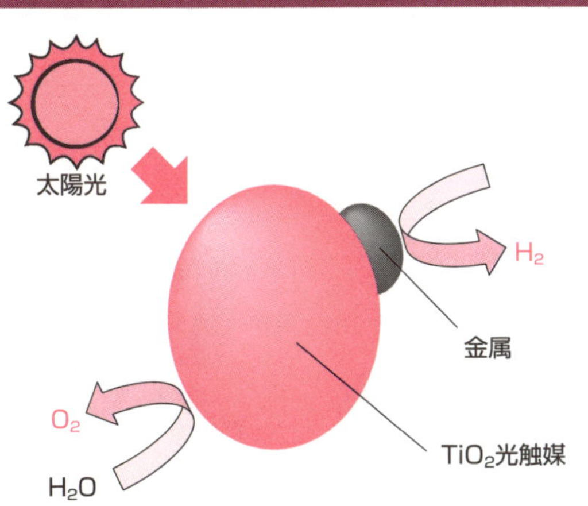

Column

真空技術とイノベーション

本章の表題を「真空は産業の宝箱」としました。現代や将来の産業と真空技術のつながりを端的に表現する表題として適していると思い、この言葉を採用しました。この言葉は次の二つの意味を持って使用しています。

第一は現状を捉えた視点から「真空容器の中で製造された種々の機能素子は産業の宝であり、真空容器はまさに宝箱である」の意味です。本章でご紹介したように半導体集積回路素子、発光ダイオード(LED)、画像受光素子、フラットパネルディスプレイなど、数え切れない多くの機能素子は真空技術無くしては製造することができません。真空容器の中から生まれてくる製品ですから、現代の産業にとって真空容器は宝箱のような存在です。19世紀の終わりごろから、この宝箱によって私たちの生活は大変に豊かになりました。

第二は将来を見据えた視点から「真空技術を取得しておくと、将来のイノベーションを喚起して新しい宝の発見がにつながる」の意味です。先のコラムで真空技術は「産業の基盤技術」であることのお話をしました。また本章ではゲーリケやエジソンが真空技術を使用して新しい技術や商品を開発したことを説明しました。さらに将来へのステップとして、真空技術が多くのノーベル賞受賞に貢献していることを紹介しています。ここで多くの皆様に真空技術を知っていただき、学び活用していただければ、そこから新しい宝の発見につながることでしょう。しかしながら学んだだけでは宝を手に入れることはできません。是非、学んだ知識を生かして行動に移し、皆様の手で宝箱を開けてください。

第5章

“真空”はどうやって作るのか

30 真空システムはどのように作るの

　真空は何かを実現するための手段です。当然ながら、どのようなことを実現するかによって作るべき真空システムは異なります。左図に真空の使用目的と構築が必要な真空システムの関係を示しました。第二章の中で低真空から超高真空まで4つの各真空領域に関して、その真空を実現するための一般的なシステム構成図を紹介しています。本項ではこの構成図との関係を解説します。

　左図では1から12まで、真空領域(低真空から超高真空)と使用するポンプの名称で真空システムを分類分けしました。真空システムの典型例としてまとめています。一般的な真空システムは多くの真空部品が組み込まれていて複雑な構造となっていますが、多くの場合、左図の12系統に分類することができます。1から6までの低真空および中真空領域では一系統のポンプで排気することが可能で、使用するポンプの種類で分類しています。1から6まで次第に複雑な構造のポンプになります。

　ここで工業用として使用する「5油回転ポンプ」と「6ドライポンプ」の違いに関して説明します。真空を使用する目的の一つに「酸素を除いてきれいな環境を得る」ことがあります。油回転ポンプは油を使用して真空シールを実現し、ポンプとしての機能を提供する構造です。油は水よりも飽和蒸気圧は低いのですが、真空を作る点からは充分に高い蒸気圧を持っています。この油の蒸気を気にする用途(例えば医療や食品など)では油回転ポンプは使用することができません。このため高額ですが油汚染を抑制した構造のドライポンプを採用する必要があります。

　7から10の高真空排気系でも真空システムの選択に油汚染への配慮は重要な要素となっています。さらに、この領域ではクライオポンプなどの「ため込み式ポンプ」が活躍しますが、有害なガスを使用する場合は濃縮されるので使用することができません。

要点BOX

●低真空から超高真空まで12の真空システムに分類できる

選択のポイント

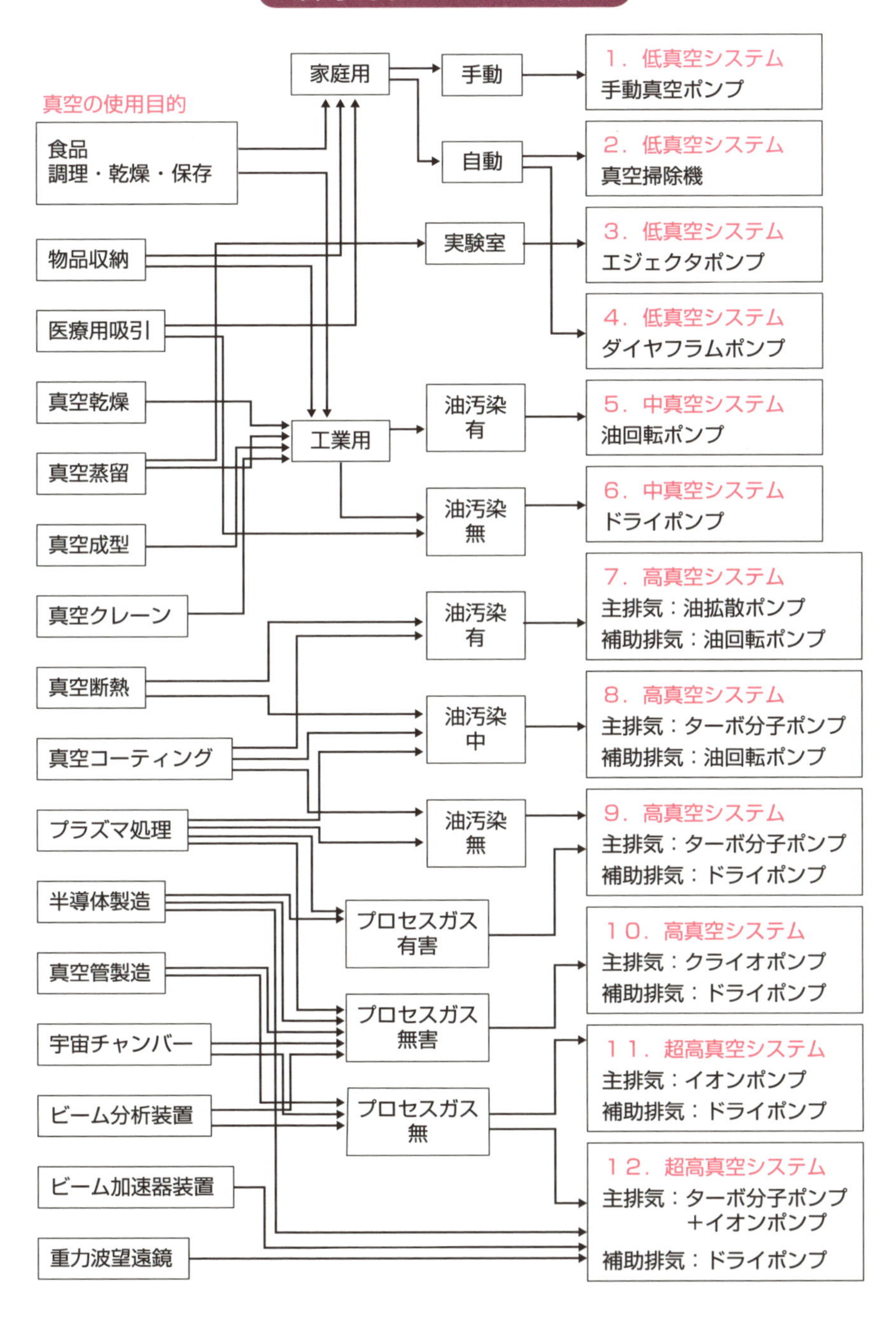
目的と真空システムの関係
真空の使用目的
食品
調理・乾燥・保存
物品収納
医療用吸引
真空乾燥
真空蒸留
真空成型
真空クレーン
真空断熱
真空コーティング
プラズマ処理
半導体製造
真空管製造
宇宙チャンバー
ビーム分析装置
ビーム加速器装置
重力波望遠鏡
家庭用
工業用
実験室
手動
自動
油汚染
有
油汚染
無
油汚染
中
プロセスガス
有害
プロセスガス
無害
プロセスガス
無
1．低真空システム
手動真空ポンプ
2．低真空システム
真空掃除機
3．低真空システム
エジェクタポンプ
4．低真空システム
ダイヤフラムポンプ
5．中真空システム
油回転ポンプ
6．中真空システム
ドライポンプ
7．高真空システム
主排気：油拡散ポンプ
補助排気：油回転ポンプ
8．高真空システム
主排気：ターボ分子ポンプ
補助排気：油回転ポンプ
9．高真空システム
主排気：ターボ分子ポンプ
補助排気：ドライポンプ
10．高真空システム
主排気：クライオポンプ
補助排気：ドライポンプ
11．超高真空システム
主排気：イオンポンプ
補助排気：ドライポンプ
12．超高真空システム
主排気：ターボ分子ポンプ
+イオンポンプ
補助排気：ドライポンプ

31 真空容器はどうすればよいのか

各種の工夫が必要となる

真空容器は大気圧に耐えなければなりません。「真空パック」など潰れることを目的とした一部の用途を除いて真空容器は耐圧容器となっています。真空の質を悪化させる要因を左図に示しました。真空を使用する目的によりますが、これらの要因を排除するように容器を製造する必要があります.

最も重要なのが「1漏れ」（漏れのことをリークと呼びます）を防止することです。特にシール部の傷には注意が必要です。溶接部分のクラックや素材自身に微細な貫通穴があることがあります。

次に真空容器の内面の汚染が問題となります。油（特に手から付着する油）は高真空、超高真空では厳禁です。真空容器の内面は充分に脱脂し、決して素手で触ってはいけません。手油による汚染は圧力を下げることができなくなるばかりか、真空の質の低下を招きます。またしばしばＳＵＳ３０４ステンレスを真空容器として使用しますが、超高真空用には内面を酸洗浄し、酸化膜除去をおこなってから使用します。また吸着気体の再放出を容易にするため内面を電解研磨や化学研磨することがあります。

真空容器では、気体の残留を抑制するため無駄な穴は厳禁です。大型の真空容器の製造では鋳造を使用することも増えてきました。この際は鋳造不良による微細穴の存在に注意しなくてはなりません。またネジの底などのガス溜まりを無くすため、左図のように真空用ネジには中央部に貫通穴を開けてガス抜きの工夫を組み込みます。真空にすると真空構成材からの溶存分子の再放出が生じます。低真空の食品保存ではしばしばプラスチック容器が使用されますが、このプラスチック内に存在する低分子が真空側へ放出されるので食品汚染に注意が必要です。また高真空下で真鍮中の亜鉛が容易に蒸発するため真鍮は使用できません。さらにシール用のエラストマ（ゴム）は気体を通しにくいフッ素系ゴムを使用します。

要点BOX

- ●真空容器は通常、耐圧容器となっている
- ●真空容器の内面は脱脂洗浄が必要で、素手からの油汚染防止対策が重要である

真空容器は大気圧に耐える耐圧容器である

（真空パックなどで潰れることを目的としている用途は除く）

真空の質を悪化させる要因

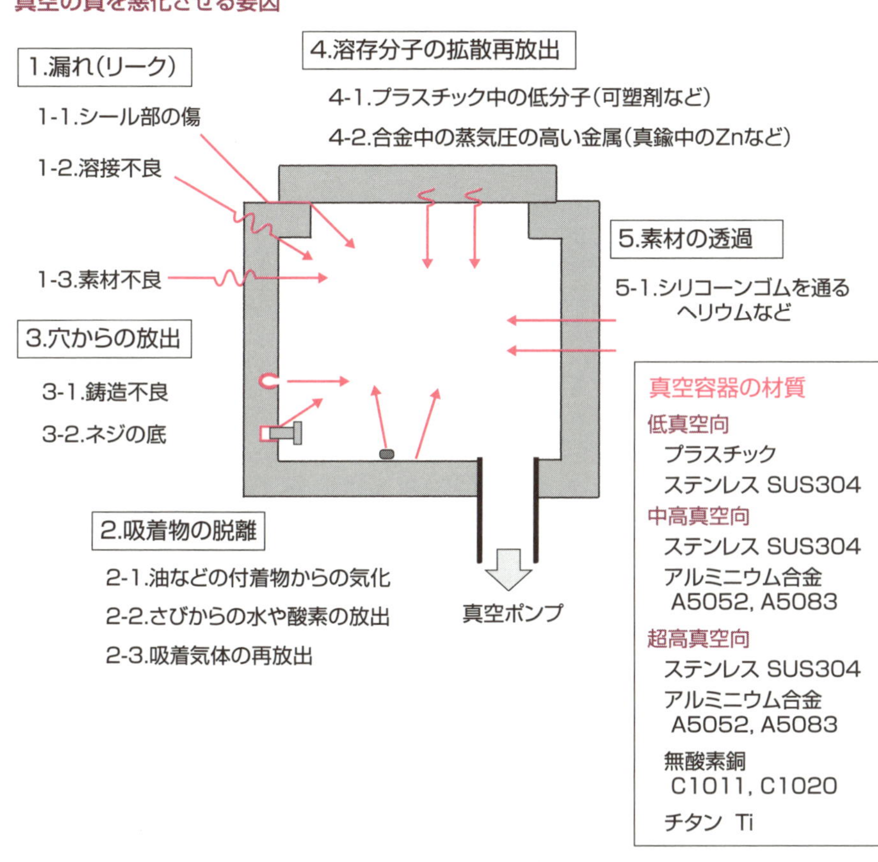

真空向け部品の工夫例

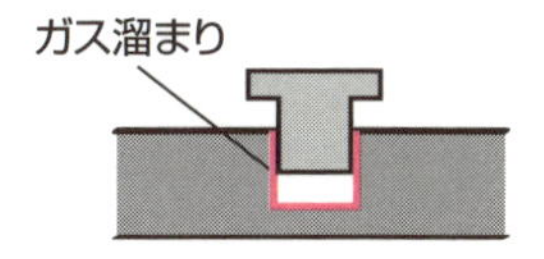

通常のネジ

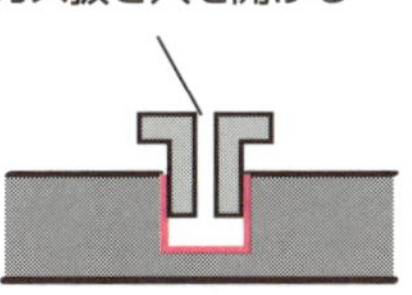

真空用のネジ

内側溶接をおこなう

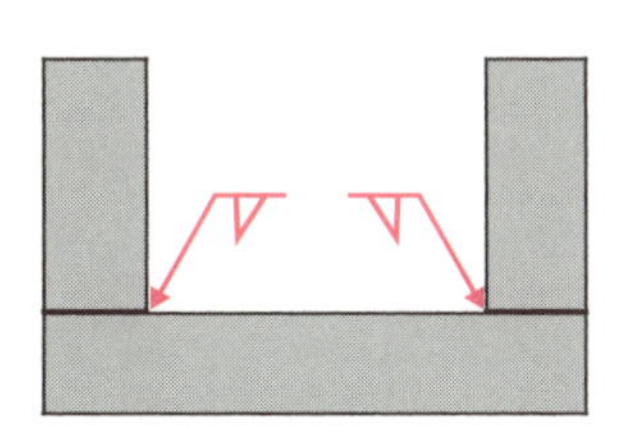

32 真空排気の特性はどのようなものか

やっかいな水や油

容器内を真空に排気していくとき、どのような特性になるのでしょうか？この排気特性の模式図を左図に示しました。31項の図と合わせて見て下さい。低真空および中真空領域は容器の中の空間に気体が充満しています。「領域Ⅰ」の特性で空間中の気体を排気することで圧力を低くすることができます。この特性がさらに低い圧力領域まで続くとすると1時間程度の排気で超高真空まで到達できることになりますが、そのような簡単な話にはなりません。

高真空領域に達すると、空間中を飛行している分子の数よりも真空内構造物の壁に吸着している分子の数の方が多くなります。「領域Ⅱ」の特性の「壁に吸着している分子が脱離して気体となり、空間を飛行しているときに排気される特性」に移ります。きれいに洗浄された真空容器の場合、領域Ⅱの主たる残留気体は水です。空気中に含まれていた水蒸気が壁に吸着していて徐々に放出されてくるからです。空気中の窒素、酸素やアルゴンなどは壁との吸着エネルギーが小さいため容易に脱離・気化するので領域Ⅰの段階で除去されています。一方、水以上にやっかいな物質は油です。手油などの油の残留は真空には厳禁で領域Ⅱから領域Ⅲに移行することができません。このため真空容器の内壁や真空部品は脱脂を充分におこない、その脱脂後は手油などが付着しないように手袋を使用して取り扱うようにします。

壁に吸着している分子が少なくなると「領域Ⅲ」に移行します。この領域は真空容器の壁材や内部品中に含まれている溶存物質の拡散・再放出の領域です。適正な真空材料を選定している場合は、この領域の主たる残留気体は水素で、溶存している水素が放出される状態です。領域Ⅳは「漏れ（リーク）」の特性です。漏れが大きい場合、その量に応じて低圧領域からこの特性が観察されます。「漏れ」が無い場合は真空容器の素材を透過した気体の排気特性となります。

要点BOX

- ●真空排気の特性は、容器内を飛行している気体の排気特性からその他の特性に移行していく
- ●漏れがあると、圧力は低下しない

真空排気と圧力

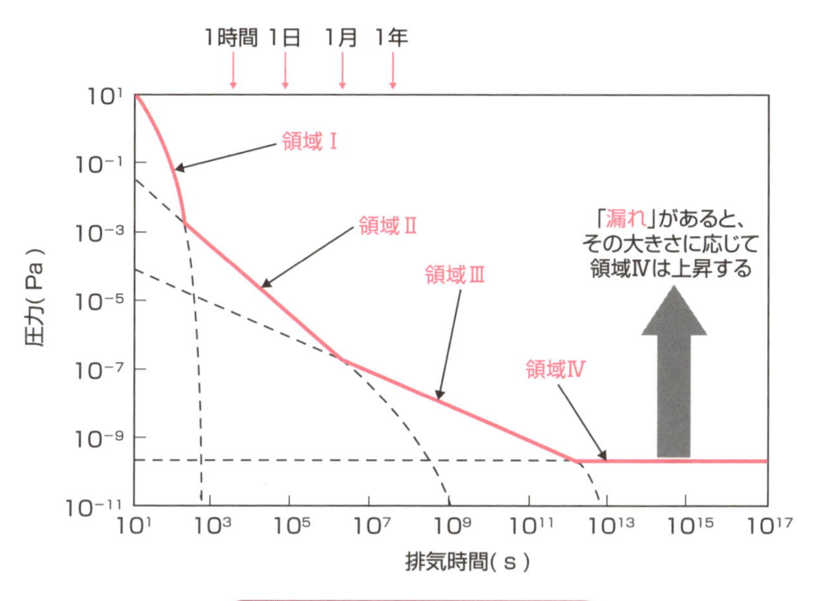

真空容器の排気特性の模式図

Ⅰ **体積排気（容器内空間気体の排気）**
真空容器内の残留ガス主成分は空気またはプロセスなどで使用した気体

Ⅱ **真空内の壁に吸着した分子の脱離**
真空容器内の残留ガス主成分は「水」

Ⅲ **真空容器構成材中の溶存気体の拡散再放出**
真空容器内の残留ガス主成分は「水素」

Ⅳ **漏れ（リーク）**
外部の空気が真空容器内へ流入する漏れ
または、透過（真空容器の素材中を拡散した外部気体の流入）

33 真空ポンプってどんなものをどう選ぶ

排気速度と到達圧力

真空を作るためには大気を排気するための真空ポンプが必要です。真空は圧力で十桁以上をカバーする必要があるため真空ポンプには数多くの種類があります。左図に真空ポンプの分類と主要真空ポンプの動作圧力を示しました。真空ポンプの性能は大きく分けて「排気速度」と「到達圧力」があります。「排気速度」は34項で解説します。ここでは「到達圧力」に注意してください。

真空ポンプの選定にはまず「ある程度の油汚染が許される系」か「油汚染は許されない系」かを考えます。「ある程度の油汚染が許される系」であれば比較的安価で性能が良い油回転ポンプ（ロータリポンプRP）を採用します。このポンプのみで中真空領域まで対応できます。高真空領域では14項で説明したように10^{-1}Pa付近でポンプを切り替える必要があり、主排気系として油拡散ポンプを使用します。

一方、食品・医療や半導体素子の製造などでは油汚染は厳禁です。この種の目的の場合、油回転ポンプの代わりにドライポンプを使用します。ドライポンプは到達圧力が若干悪い欠点があり、排気速度と到達圧力の性能を補填するために多くの場合、ルーツポンプを併用します。このため2種類を組み合わせたドライ排気セットとして市販されています。

高真空領域および超高真空領域を使用する場合は主排気系の選定が必要です。電子顕微鏡など真空の維持のみの場合は主排気系としてスパッタイオンポンプを採用します。ゲッタポンプを併用すると排気時間を短くすることができます。

高真空および超高真空下でプロセスガスを使用する場合、主排気系としてターボ分子ポンプまたはクライオポンプを採用します。クライオポンプは水の排気速度が大変に大きく有用ですが、ため込み式のため危険有害ガスは使用できません。危険有害ガスを使用する場合はターボ分子ポンプを採用します。

要点BOX

●真空ポンプの選定は、まず油汚染が許される系であるか否かを考える

真空ポンプの種類と分類

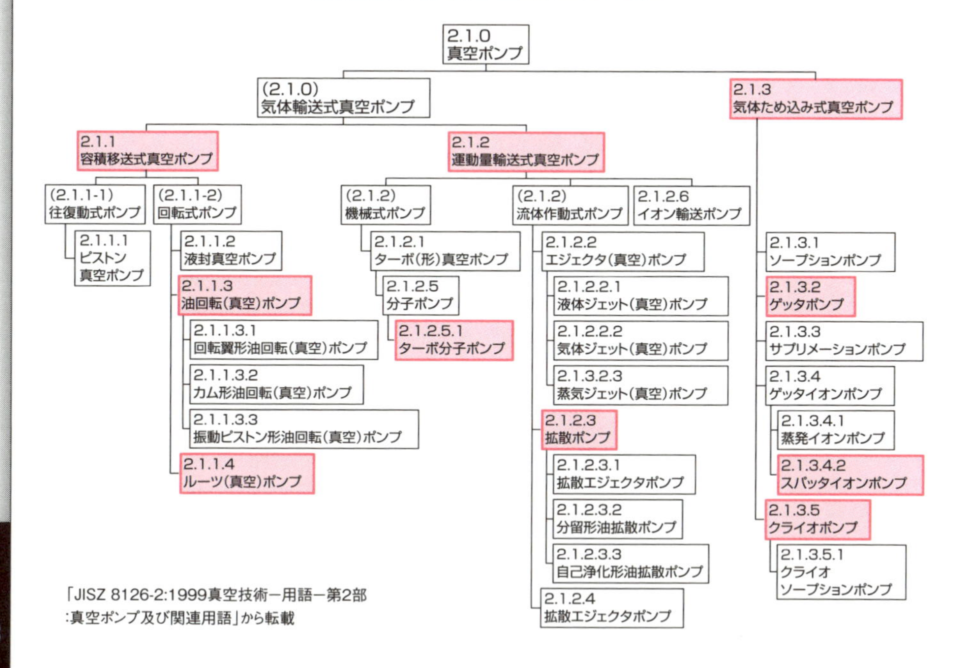

「JISZ 8126-2:1999真空技術ー用語ー第2部:真空ポンプ及び関連用語」から転載

主要真空ポンプの動作圧力

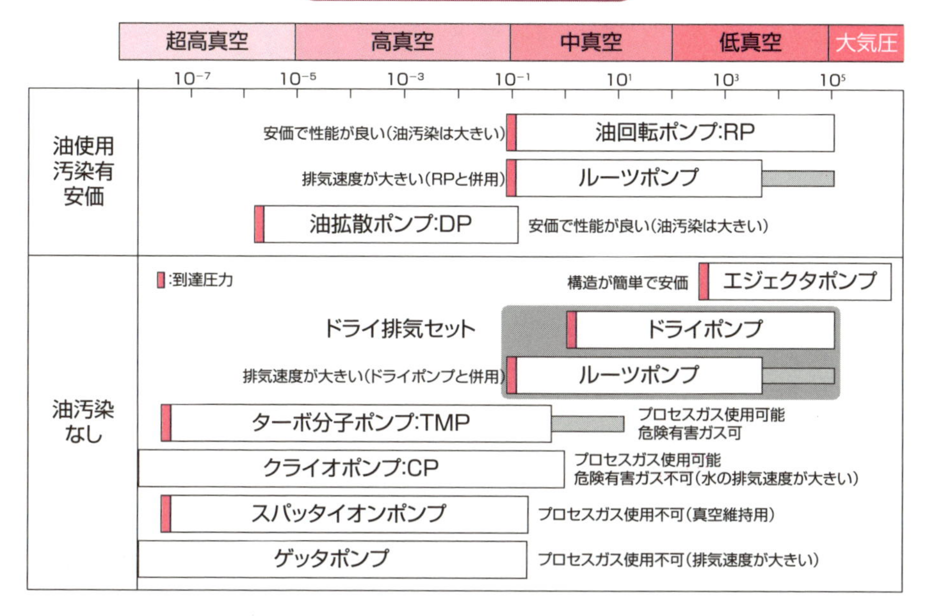

34 排気速度とコンダクタンスってなに

排気速度の選定式

真空ポンプの能力を示す指標の一つに排気速度Sという概念があります。排気速度は容積移送式真空ポンプをイメージして、「単位時間当たりに移送した体積」を表し左式のように定義されます。排気速度が大きいことは単位時間当たり大きな体積を移送できることを意味しています。

体積V、その中の初期圧力p_0の真空容器を排気速度Sで排気した場合、時間経過tに対する容器内圧力pは左式で算出することができます。この圧力変化の特性は32項図中の「領域Ⅰ」です。この領域は真空容器内の排気が「容器内の空間を満たしている気体を排気することが主」であるときの排気特性です。低真空および中真空領域での排気特性になります。

真空ポンプの選定において排気速度は重要な要因の一つです。排気の式を変形すると真空ポンプの排気速度の選定式を導くことができます。この式を用いると真空容器内を希望時間内に、希望の圧力まで排気するために必要な排気速度を算出できます。

気体の流れる量は流量Qで定義されます。排気速度に、そのときの圧力値をかけた値です。この流量は「単位時間に流れる気体分子の数」に比例する値です。「単位時間当たりの量」ですから、この流量は速度を表している物理量になります。このため「流速」と混同しやすい概念ですが、真空技術の分野では「流れる配管の断面積で規格化した流量」を「流速」とよび慣用的に意味を分けて使用しているので注意してください（8項参照）。

2つの真空空間を接続する配管内を気体が流れるとき、その配管の両端の圧力p_1、p_2と流量Qとの間に左式のような関係が成り立ちます。ここでCはコンダクタンスという物理量で気体の流れやすさ（抵抗の逆数）を表しています。このコンダクタンスの単位は、排気速度の単位と同じで「単位時間当たり移送できる体積」です。

要点BOX

●真空ポンプの選定要因の一つに排気速度があり、気体の流量は排気速度にそのときの圧力をかけた物理量である

排気速度

真空ポンプの排気速度S(m³/s)

容積移送式真空ポンプをイメージする。
ある時間範囲Δtに移送した体積ΔVとすると，
そのポンプの排気速度Sは下記の式で定義される。

$$S = \frac{\Delta V}{\Delta t}$$

排気の式

右図のように体積V(m³) で初期の圧力p_0(Pa) を
排気速度S(m³/s) で排気すると、
排気時間t (s) 後の容器内圧力p(Pa) は
下記の式で表される。

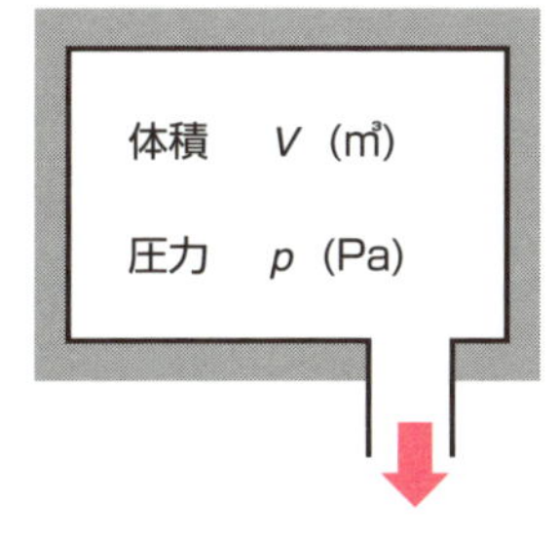

$$p = p_0 \exp\left(-\frac{S}{V}t\right)$$

右図は、体積Vm³の容器を
排気速度S= 0.00200m³/s
の真空ポンプで排気したときの
排気曲線

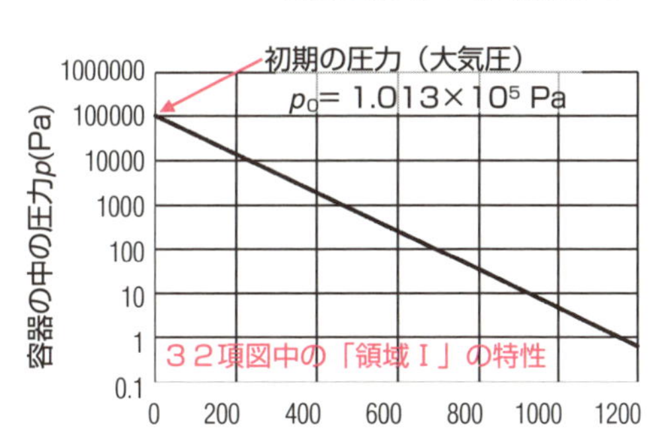

真空ポンプの排気速度の選定式

$$S = \frac{V}{t}\, 2.303 \log_{10} \frac{p_0}{p}$$

排気の式を変形した式

配管のコンダクタンスの式

右図のように流量Q(Pa・m³/s) で
配管中を流れるとき、配管の両端の圧力をp_1, p_2と
するとコンダクタンスC (m³/s) は
下記の式で定義される。

$$Q = C\,(p_1 - p_2)$$

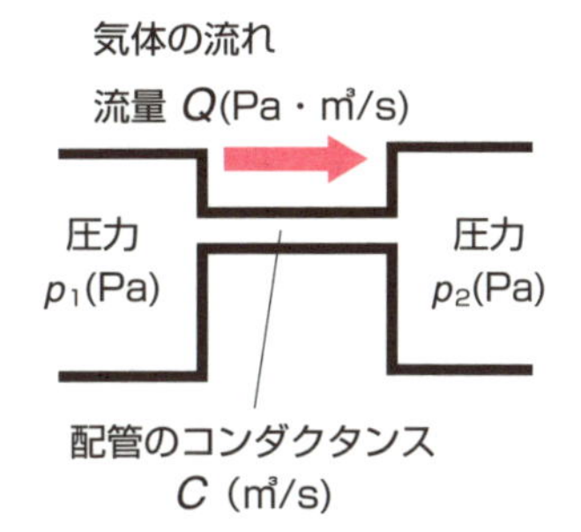

35 コンダクタンスはどのように使うのか

粘性流コンダクタンスと分子流コンダクタンス

真空容器内の圧力変化と排気速度の関係は34項で解説しました。この項で合わせてコンダクタンスの定義を説明します。このコンダクタンスはどのように使用するのでしょうか。一般的には真空容器とそれを排気する真空ポンプの間には排気配管やバルブが設置されています。真空ポンプの排気速度(メーカーカタログ値)はポンプ直前の理想的な位置での排気速度を示しています。真空容器を実際に排気する速度(実効排気速度と呼びます)は、真空ポンプの排気速度を配管やバルブのコンダクタンスで補正した値になります。次にこの補正の方法を解説します。

排気配管やバルブは製造元からコンダクタンス値を入手することが可能ですが、粘性流のコンダクタンス値と分子流のコンダクタンス値があるので注意してください。低真空および中真空の排気には粘性流コンダクタンス値を選択します。高真空および超高真空の排気では分子流のコンダクタンス値を選択します。同じ配管の場合、粘性流コンダクタンス値の方が分子流コンダクタンス値より大きくなっています。粘性流の方が流れやすいためです。

排気配管は種々の部品を組み合わせて構築します。左図に組み合わせによるコンダクタンスの算出方法を示しました。並列と直列に組み合わせた場合では計算式が異なります。この組み合わせの式は、電気抵抗を組み合わせたときの計算式によく似ていますが、並列・直列が逆となっています。コンダクタンスは流れやすさを示す物理量で抵抗の逆数であるからです。この計算式から排気配管全体のコンダクタンスを算出します。

次に求めた排気配管全体のコンダクタンスから実効排気速度S_eを求めます。左図に実効排気速度の求め方を示しました。排気速度とコンダクタンスは単位が同じです。直列のコンダクタンスの組み合わせの式と同じ形の式で実効排気速度S_eを算出できます。

要点BOX

●配管のコンダクタンスとポンプの排気速度から実効排気速度を算出できる

配管の組み合わせ（コンダクタンスの結合）

(a)並列のコンダクタンス

全体のコンダクタンスC(m³/s)は
並列のコンダクタンスC_1,C_2から
下記の式で表される。

$$C = C_1 + C_2$$

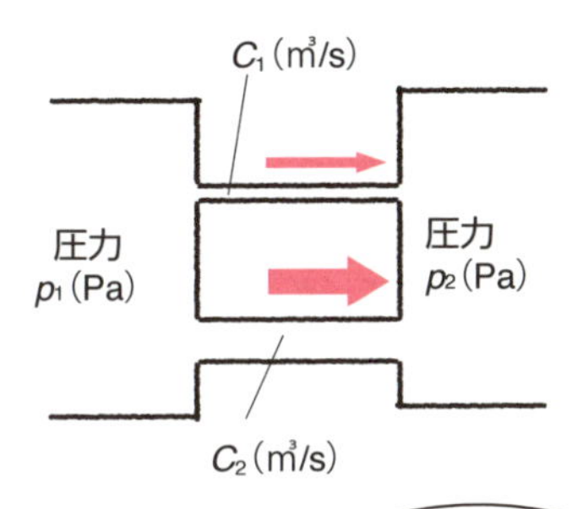

(b)直列のコンダクタンス

全体のコンダクタンスC(m³/s)は
直列のコンダクタンスC_1,C_2から
下記の式で表される。

$$\frac{1}{C} = \frac{1}{C_1} + \frac{1}{C_2}$$

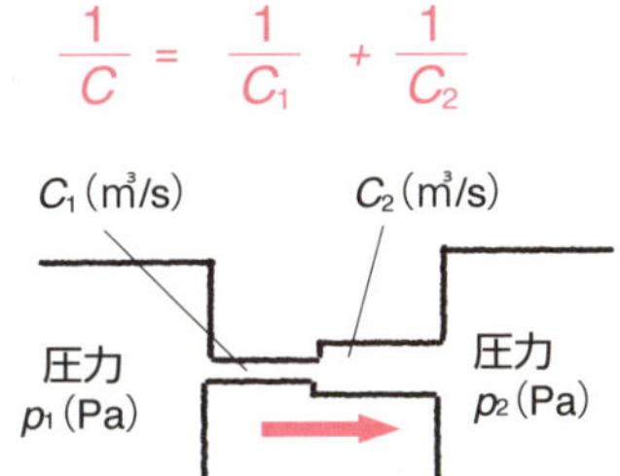

配管のコンダクタンスは、
粘性流と分子流で異なる。
コンダクタンス値は配管や
バルブの部品メーカから
知ることができる。

実効排気速度 Se（排気速度の補正）

実効排気速度S_e(m³/s)は
真空ポンプの排気速度S_0と
配管のコンダクタンスCから
下記の式で求められる。

$$\frac{1}{S_e} = \frac{1}{S_0} + \frac{1}{C}$$

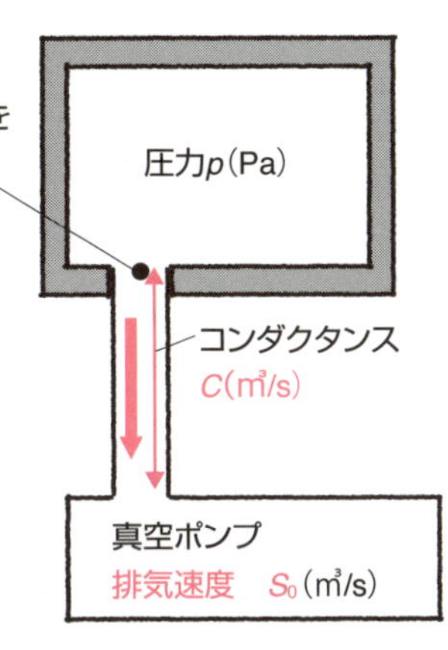

36 流体の流速を利用するエジェクタポンプ

真空ポンプ①

エジェクタポンプはアスピレータとも呼ばれ、機械的な運動によらず流体の流速を利用して真空を作る機構です。エジェクタポンプの断面構造を左図に示しました。エジェクタに導入された駆動流体はノズルによって加速されディフューザに向けて高速噴射されます。駆動流体には用途に応じて、水、空気や液体窒素を蒸発させた窒素が用いられます。この高速噴射された駆動流体はディフューザに飛び込む際、周囲の気体を巻き込んでディフューザへ流入します。この効果で真空排気することができるのです。ディフューザ部で真空排気された気体と駆動流体は、大気圧まで圧縮されて排出されます。

エジェクタポンプは簡単に真空排気できるため科学実験室や小型プラントで使用されます。左図に示したガラス製のアスピレータは科学実験室において、減圧蒸留・精留や減圧ろ過用の真空ポンプとして使用されているものです。この使用方法を左図に示しました。水流アスピレータと真空排気の間に「水トラップ」を設置します。真空排気している状態で駆動流体(水流アスピレータの場合は水)の供給を停止すると、アスピレータ内に残留している駆動流体が真空側へ逆流してしまいます。この逆流流体をトラップして真空ラインを汚染することを防止するために「水トラップ」を設置します。

エジェクタポンプはガラスのみならず金属製として小型から大型のポンプが市販され、各種のプラント工場で使用されています。例えば工場のプロセスガス系統の品質管理としての運用に使用されます。プロセスガスの高圧ボンベと工場配管を接続すると、接続部に空気が残留してしまいます。この空気をエジェクタポンプで真空排気して除去し、純度を確保したプロセスガスの供給を実現します。駆動流体として液体窒素を蒸発させた窒素を使用し、空気の残留した接続部を真空排気するのです。

要点BOX

- ●エジェクタポンプは機械的な運動によらず流体の流速を利用して真空を作るポンプである
- ●金属製のものは各種のプラント工場で使用

エジェクタポンプ

エジェクタポンプの構造

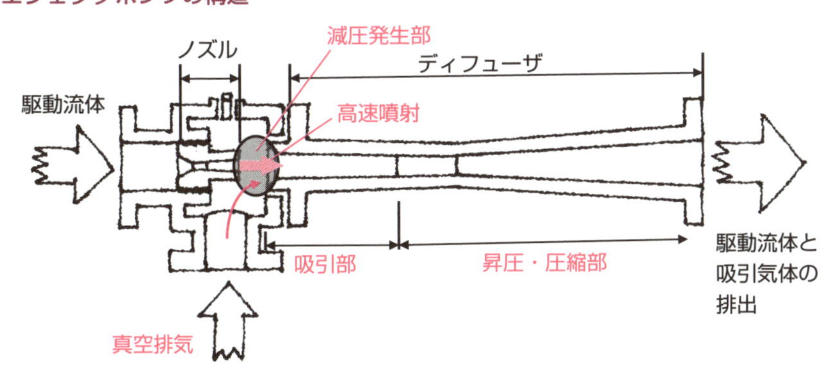

水流アスピレータの使用方法

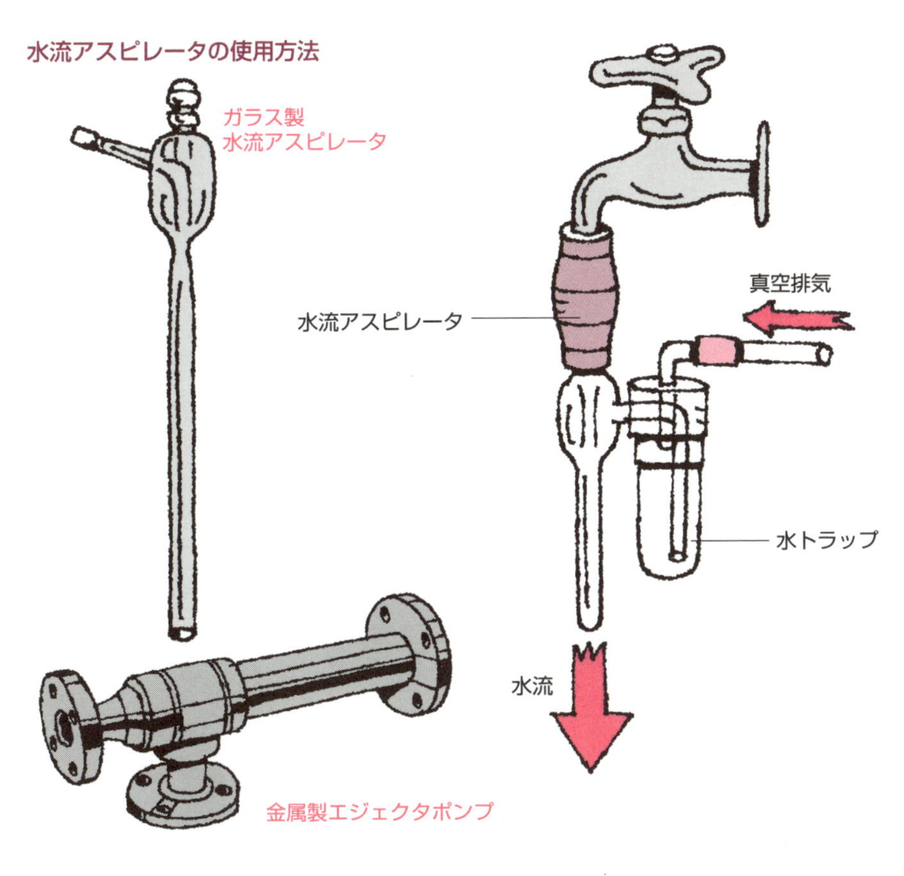

37 最も汎用的な油回転ポンプ

真空ポンプ②

真空ポンプの中で最も汎用的に使用されているポンプが油回転ポンプです。その理由は比較的安価であって、大気圧から10^{-1}Paまでの低真空および中真空領域に広く対応した性能を持っているからです。このポンプは容積移送式で、排気するための空間を回転機構によって作り、気体を圧縮して大気放出します。駆動部の気密確保に飽和蒸気圧の低い油を使用します。到達圧力は使用している油の飽和蒸気圧で決まります。

左図に回転翼形油回転ポンプの動作機構を示しました。この方式は二つの回転翼を組み込んだ回転子が特徴です。回転子はその中心軸を中心に回転するため振動や騒音が少ないことが特徴で、小型の油回転ポンプの多くがこの構造を採用しています。回転子が回転すると、ケーシング・回転翼・回転子から形成される空間が広がり吸気口より気体を吸い込みます。さらに回転子が回転すると、空間内に閉じ込められた気体は排気口へ輸送されます。排気口に達すると、空間内の気体は圧縮されて排気口から排出されます。

小型油回転ポンプの主流の構造は、回転子をモータに直結させて小型化し、回転翼形機構を直列に二段組み込んで排気能力を高めています。一方、大型の油回転ポンプは左図に示したカム形を採用しています。この構造は回転翼を回転子に組み込んでいないため簡単です。しかしながら回転子の同心に回転中心がなく、偏心しているため振動や騒音が大きくなりるデメリットがあります。油は駆動部の摩擦を低減し気密を保持するために使用していますが、効果はそれだけではありません。到達圧力に近い状態では大気圧より5桁以上に希薄な気体を大気圧まで圧縮します。これは輸送した体積が排気時に5桁以上に小さくなることを意味しています。この小さな気泡を油とともに排気口から排出するのです。

要点BOX

●油回転ポンプは最も汎用的に使用される真空ポンプで安価で大気圧から中真空領域まで使用できる

回転翼形油回転ポンプの動作機構

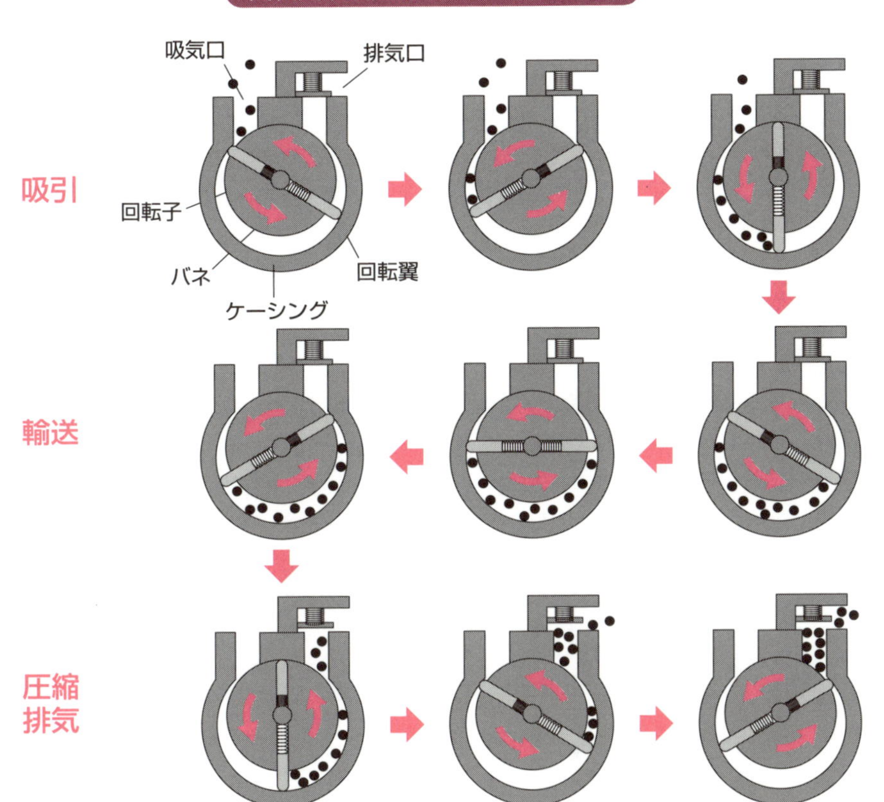

カム形油回転ポンプ

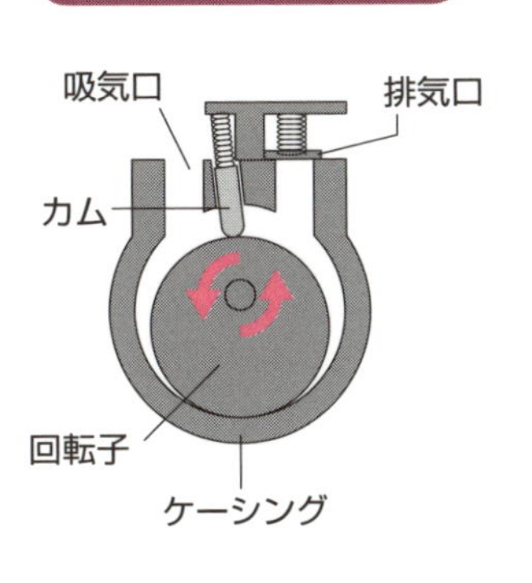

モータ直結形油回転ポンプ

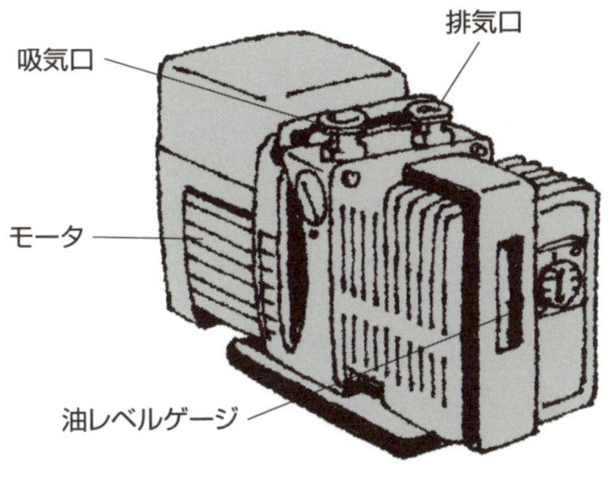

38 排気速度の大きなルーツポンプ

真空ポンプ③

油回転ポンプと同様に古くから使用されているポンプにルーツポンプがあります。別名、メカニカルブースタポンプと呼ばれています。このポンプは排気速度が大きいことが特徴です。しかしながら、一部の小型ルーツポンプを除いて大気圧から駆動させることができません。このために油回転ポンプやドライポンプと真空容器との間に設置して排気速度を補助するために使用します。油回転ポンプやドライポンプを使用してあらかじめ真空容器内を減圧にした後、ルーツポンプを駆動させて排気速度を大きくするのです。

ルーツポンプの構造と動作機構を左図に示しました。ルーツポンプは二つの繭形の回転子を組み合わせた構造となっています。回転子とケーシングおよび二つの回転子間には隙間があります。二つの回転子は互いに逆の方向に回転し、回転子とケーシングの間に作った空間を利用して気体を排気します。通常一分間に1500から3000回転させ、高速で回転させることで大きな体積を輸送することを実現し、大きな排気速度を得ています。回転子の断面が繭形の構造を二葉式ルーツポンプと呼び、断面が三葉のクローバ型の回転子を持つ構造を三葉式ルーツポンプと呼んでいます。

ルーツポンプのさらなる特徴は、回転子とケーシングおよび二つの回転子間に隙間があり、この機構から油による潤滑を必要としない構造を実現することが可能です。このオイルフリーのルーツポンプは油汚染を嫌うプロセスを実施する真空装置の排気に役立ちます。また、ドライポンプとターボ分子ポンプの有効範囲の圧力を繋ぐ目的で、ドライポンプと真空容器の間に設置して使用します。近年ではドライポンプとルーツポンプを組み合わせ、その制御も一体化してドライ排気セットとして市販されるようになりました。

要点BOX

●ルーツポンプは一部のポンプを除き大気圧から排気することができないため油回転ポンプやドライポンプの補助ポンプとして利用される

ルーツポンプの動作機構（二葉式）

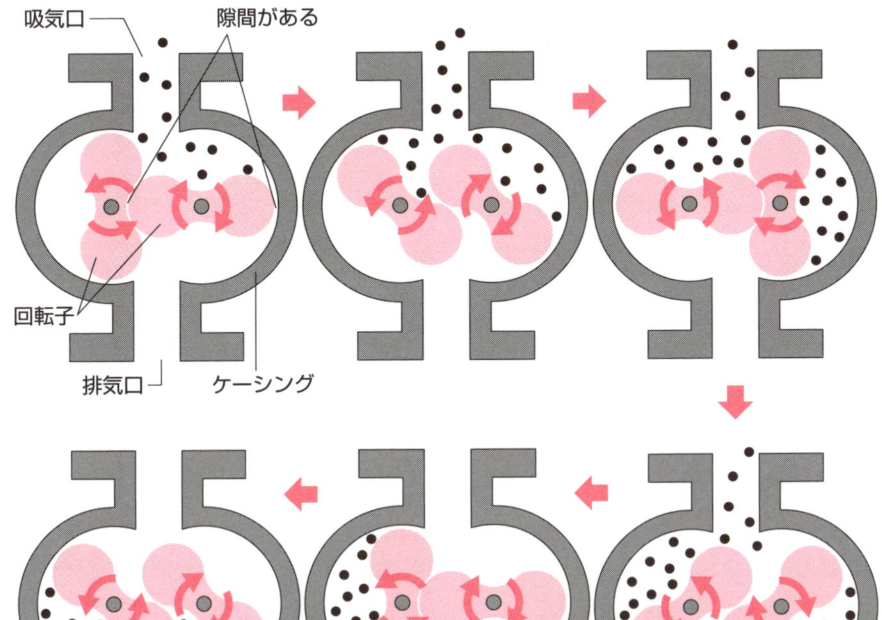

三葉式ルーツポンプ

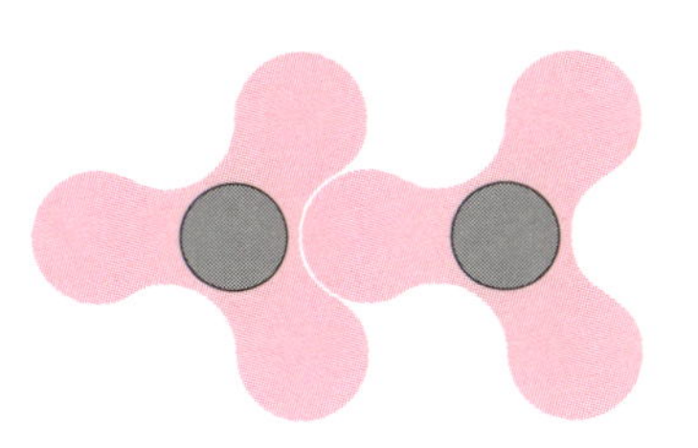

ルーツポンプ

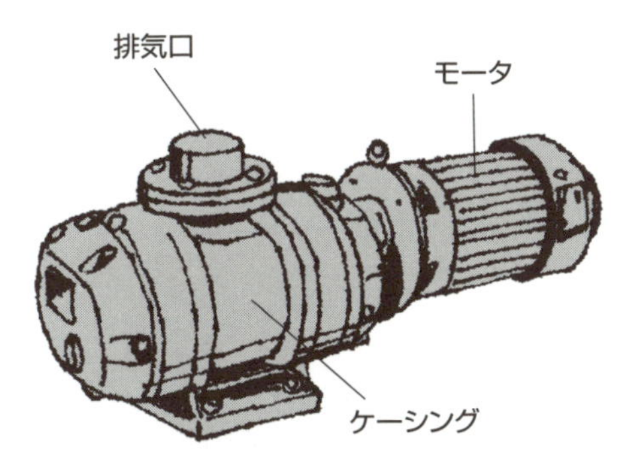

39 油を嫌うプロセスに使うドライポンプ

真空ポンプ④

　真空を利用するプロセスには油汚染を嫌うプロセスが多くあります。食品、医薬品、半導体集積回路素子や各種電子部品の製造プロセスです。この種の用途には油回転ポンプを使用することができません。そこで真空室側に油を使用していないドライポンプが開発されました。

　最も一般的なドライポンプは多段ルーツ形です。その断面構造と動作原理を左図に示しました。38項で解説した三葉式ルーツポンプを直列に多段階（五段階程度）組み合わせた構造となっています。このように多段階とすることで、大気圧から排気することを可能としました。ただし、単体のルーツポンプに比較して排気速度が小さくなるとともに到達圧力が一桁程度、悪くなります。このため、ここの性能が必要な場合は、真空室側に単体のルーツポンプを組み合わせて使用します。

　産業上、多段ルーツ形と同様にスクリュー形のドライポンプも重要です。スクリュー形ドライポンプの構造と動作機構を左図に示しました。互いに逆巻きのスクリューの凹凸を組み合わせ、互いに逆回転します。スクリューとケーシングの間に作られたネジ溝部分の空間内の気体はスクリューの回転とともに吸気口側から排気口側に輸送されます。ここでも各スクリューとケーシングの間に薄い空間があり、潤滑剤は必要ありません。このスクリュー形ドライポンプはポンプ内の汚染、例えばドライエッチングプロセスや化学気相成長の反応残渣（固体の発生）に強くハードプロセス用として活躍しています。一方、多段ルーツ形ドライポンプは真空蒸着やスパッタリングなどのライトプロセス用として使用されます。

　その他、ダイヤフラム機構を使用したダイヤフラムポンプやスクロール機構を使用したスクロールポンプなどのドライポンプが提案され、これらのポンプはオイルフリーで安価な真空ポンプです。

要点BOX

●多段ルーツ形ドライポンプは真空蒸着やスパッタリングなどのライトプロセス用として使用される

多段ルーツ形ドライポンプの動作機構

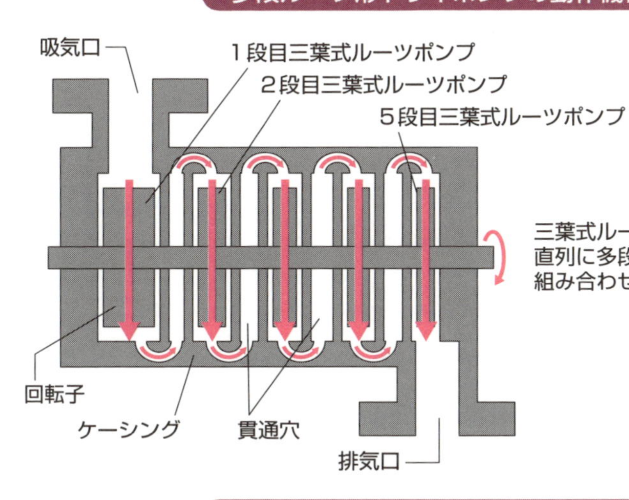

三葉式ルーツポンプを
直列に多段（図では5段）
組み合わせた構造

スクリュー形ドライポンプの動作機構

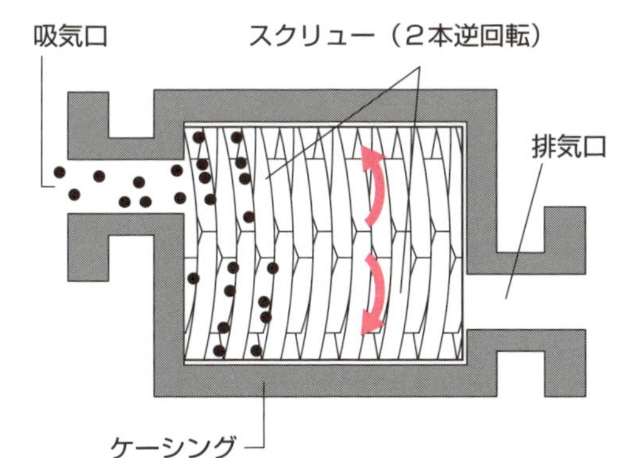

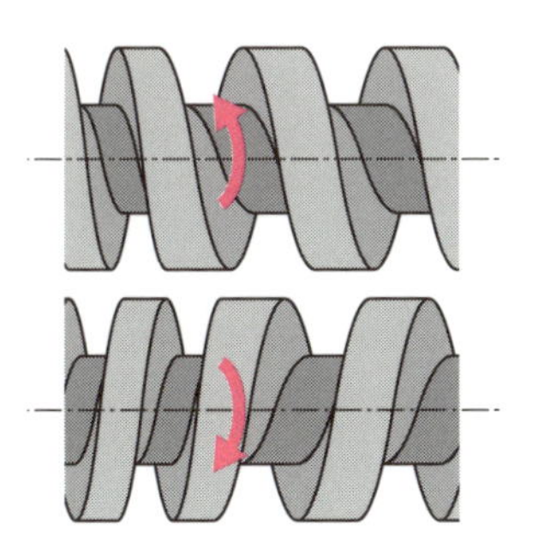

2本のスクリューを切り離した図
山と谷を合わせて組み込む
スクリューとケーシングの間の
空間で気体を輸送する

ドライポンプ

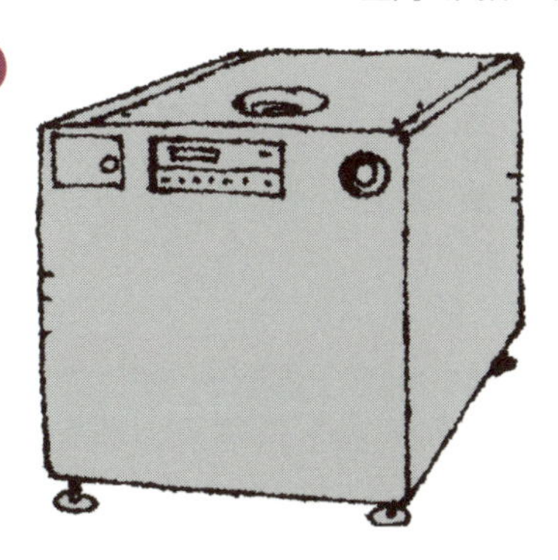

40 高真空に対応した油拡散ポンプ

真空ポンプ⑤

高真空に対応した真空ポンプの代表が油拡散ポンプです。高真空領域になると気体の密度が非常に小さくなるため容積移送式による排気は困難で、油拡散ポンプは運動量輸送式の真空ポンプです。

油拡散ポンプの構造は、液体の動作油をヒータで加熱し気化します。気化した油蒸気をジェットノズルで下方に吹き出すことで油の超音速蒸気噴流を作ります。吸気口から流入した気体分子は、この油の超音速蒸気噴流より下方(排気口の方向)に運動量を受けて輸送されるのです。油の蒸気は冷却壁に衝突すると液化し、壁を伝わってパンに戻ります。

一方、下方に運動量を得て輸送された気体分子はポンプの下部に設置されたエジェクタにより方向を変えて排気口へ誘導されます。

油拡散ポンプは安価に高真空領域を排気することができる真空ポンプですが低真空や高真空領域で使用することはできません。このため油拡散ポンプを動作させるために、その排気口側の後段に油回転ポンプやドライポンプなどの大気圧から排気することのできる補助ポンプが必要となります。この補助ポンプによって油拡散ポンプの排気口の圧力を所定の圧力以下に保持します。この圧力のことを臨界背圧と呼び、油拡散ポンプの機種によって値が異なるため補助ポンプの選定に注意が必要です。各メーカの仕様に注意してください。

油拡散ポンプは簡便に高真空領域を得ることができる真空ポンプですがオイルバックと呼ぶ油汚染を生じます。オイルバックを抑制するために真空容器と油拡散ポンプの間に水冷バッフルや液体窒素トラップを設置します。しかしながらオイルバックを完全に除くことはできません。このためオイルフリーのきれいな真空を必要とするプロセスには油拡散ポンプは使用できません。

要点BOX

●高真空領域を簡便に排気するポンプとして油拡散ポンプがあり、後段に臨界背圧を確保するための補助ポンプが必要である

油拡散ポンプの動作機構

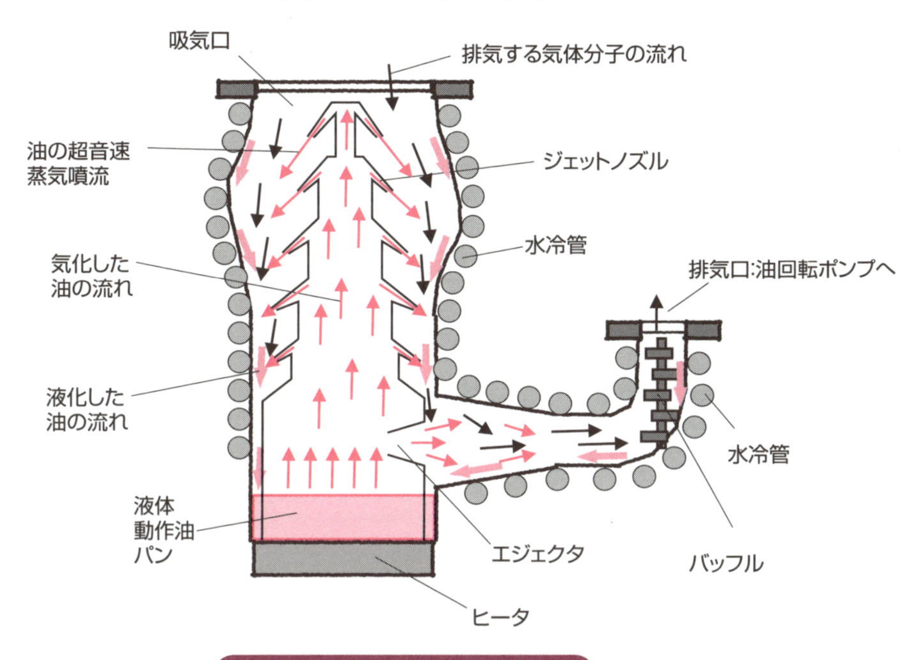

油拡散ポンプ

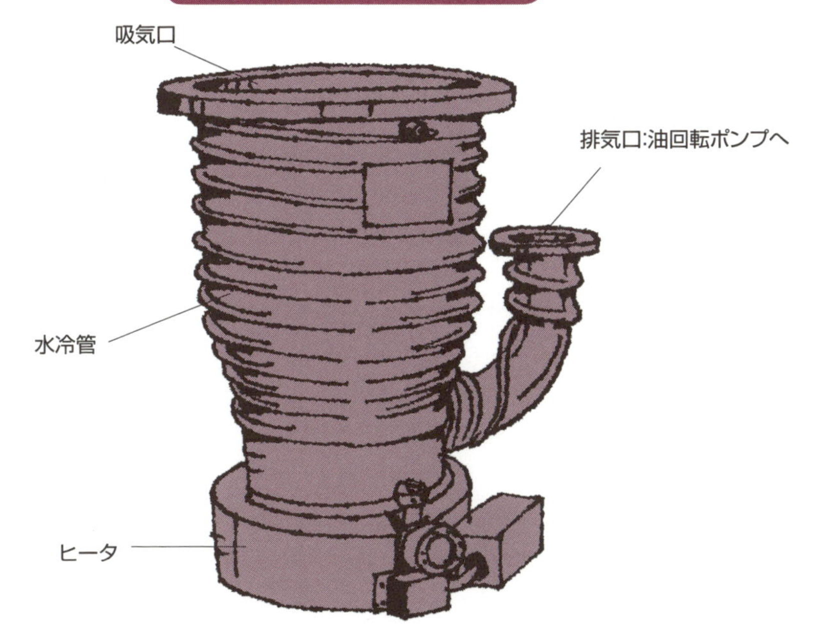

41 オイルフリーの超高真空対応ターボ分子ポンプ

真空ポンプ⑥

ターボ分子ポンプはオイルフリーを実現した高真空から超高真空対応の真空ポンプです。ピンポン球を弾き飛ばすように気体分子を翼で飛ばして排気する運動量輸送式の代表の真空ポンプになります。

ターボ分子ポンプの構造と動作機構を左図に示しました。最も特徴的な部分はモータによって高速回転（一分間に一万回転以上）する動翼とケーシングに保持された静翼とが交互に積層された構造です。左図のように動翼と静翼では逆向きに立ち上がっています。吸気口から入射した気体分子をこの構造で排気口へ導くのです。運動量輸送式ではあるものの、それほど単純ではありません。壁に入射した気体分子は10項で記載したように、壁に吸着した後、余弦則に沿って脱離します。ターボ分子ポンプでは、この脱離後に気体分子の進行方向を排気側に進むように邪魔板をセットし排気口へ導くのです。翼の角度は吸気口側で大きく、排気口側で小さくなっています。吸気口側では、気体分子をかき取ってポンプ内へ誘導する必要があるため角度が大きいのです。排気口側では気体分子の逆流を極力抑制し、排気側の圧力を高める必要から角度が小さくなっています。

また動翼および静翼の積層構造の下段にねじ溝構造のスクリューポンプを組み込んだ複合形ターボ分子ポンプが活躍しています。この構造は気体の流量を多く流すことが可能です。このためドライエッチングや気相化学成長など、種々のプロセスガスを使用するプロセスで重宝されています。ターボ分子ポンプは油拡散ポンプと同様に後段に補助ポンプが必要となります。吸引した気体分子は後段の補助ポンプを経由して大気圧まで昇圧して排気します。毒性や発火性などの危険有害ガスを取り扱う場合、この特性は非常に重要です。ポンプ内で濃縮されることなく必要に応じてポンプ内で希釈用気体を導入することも可能で、除害設備へ誘導することができます。

要点BOX

- 複合形ターボ分子ポンプは気体を多く流すことができるため各種プロセスガスを使用するプロセスで活躍している

ターボ分子ポンプの動作機構

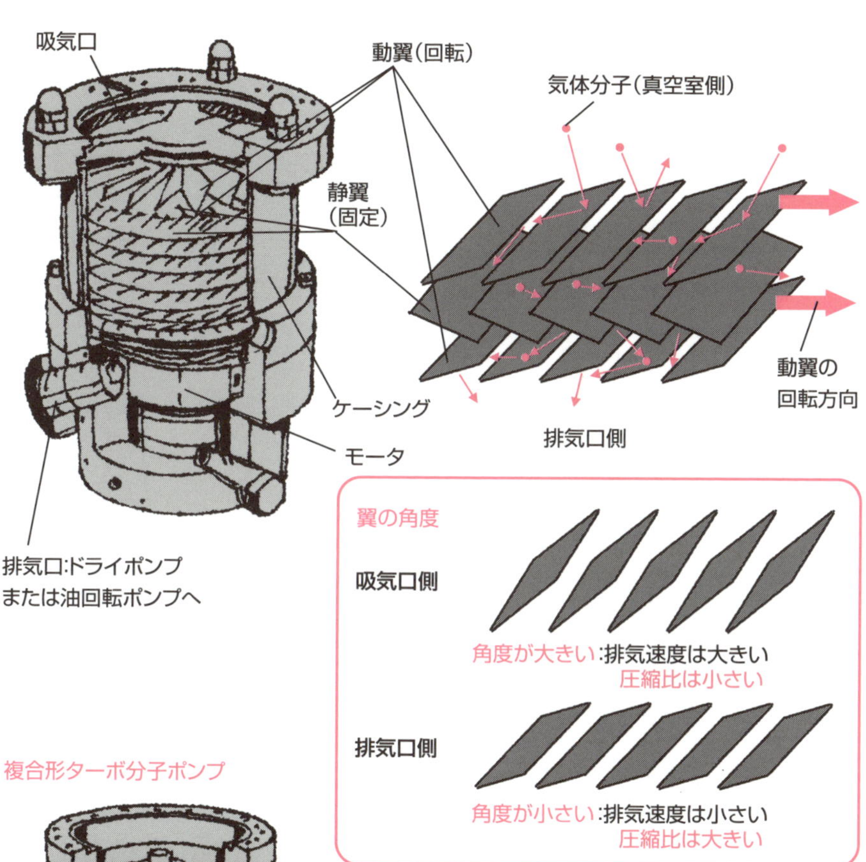

複合形ターボ分子ポンプ

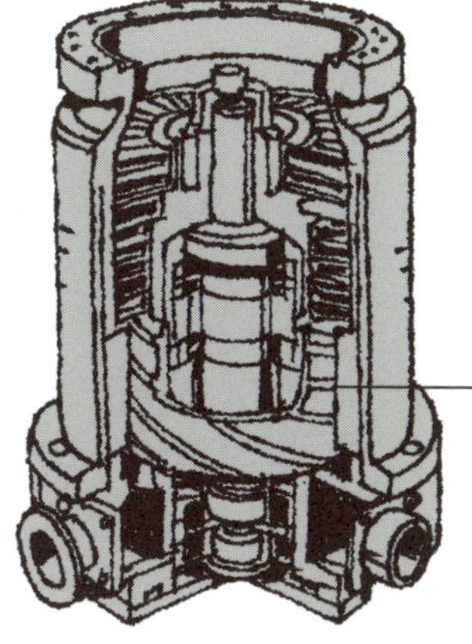

42 最もクリーンな真空を作るクライオポンプ

真空ポンプ⑦

高真空および超高真空領域に対応し、最もクリーンな真空を作ることができる真空ポンプはクライオポンプで気体ため込み式です。クライオポンプの構造と動作機構を左図に示しました。ヘリウムを使用した冷凍機によって冷却したパネル構造を作り、ここに吸気口より流入した気体分子を吸着して真空排気します。次のように気体分子の吸着・排気は三段階です。

1. 冷却ステージ一段目：約80Kの温度

吸気口部に設置しているバッフルおよびポンプケースの内側全体に設置した壁を約80Kの温度に保持した部分です。ここには水蒸気や二酸化炭素などの高沸点気体分子を吸着させます。高真空および超高真空を作る際に水蒸気の排気は重要です。クライオポンプは冷却パネルにため込むため、この水蒸気の排気速度が大きいことが特徴で、この領域の真空ポンプとして有効利用されています。この冷却ステージ一段目は、その内側に設置している冷却ステージ二段目を保冷する役目を担っています。冷却ステージ一段目の表面はポンプケースなどの室温領域からの放射熱を遮断する目的で鏡面加工されています。

2. 冷却ステージ二段目：約10Kの温度

冷却ステージ一段目に囲まれた空間内にコールドパネルを中心とし、約10Kに冷却した冷却ステージ二段目があります。この領域では窒素、酸素、アルゴンなどの一般的な気体分子を吸着します。

3. 活性炭：約10Kの温度

冷却ステージ二段目で囲まれた空間内に約10Kに冷却した活性炭領域があります。この領域では最も沸点の低い気体分子である水素やヘリウムを活性炭の吸着能力を利用して吸着・排気します。

一方、クライオポンプはため込み式のため、危険有害ガスは濃縮され使用できません。酸素プラズマなどで生じたオゾンも濃縮され、注意が必要です。

要点BOX

●クライオポンプは高真空および超高真空領域に対応した真空ポンプで、水蒸気および水素の排気速度が大きい

クライオポンプの動作機構

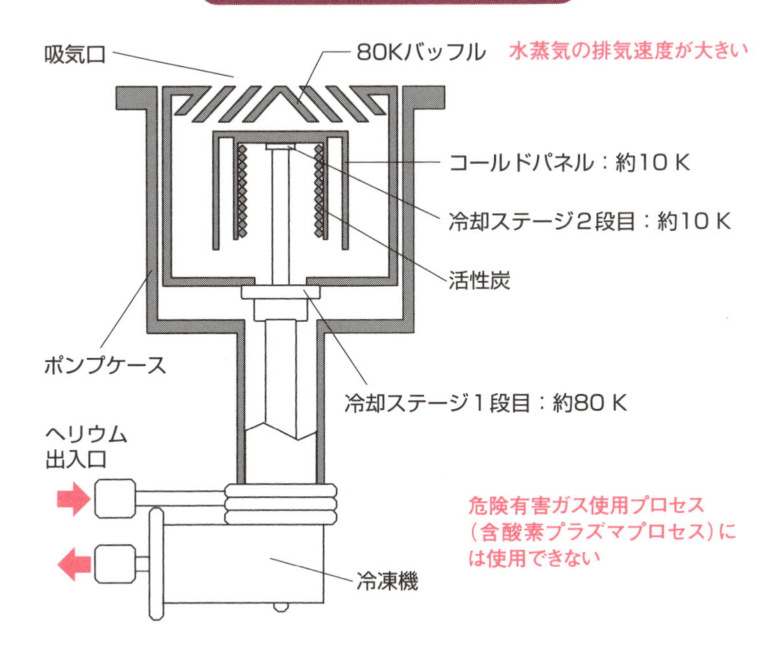

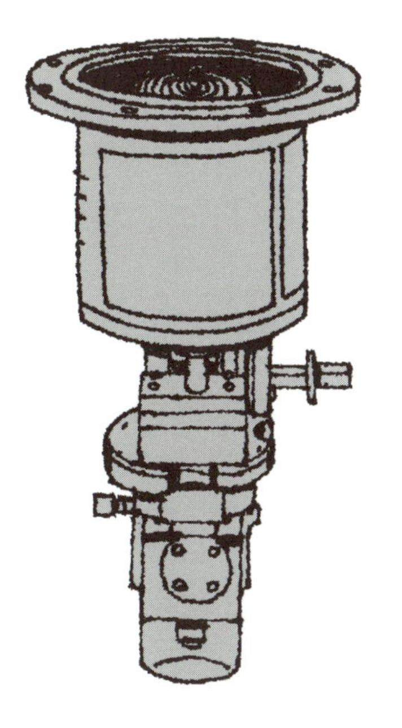

冷却ステージ1段目:約80K

80Kバッフルを中心に
主に水蒸気,二酸化炭素を
吸着･排気する
2段目（約10K）の保冷

冷却ステージ2段目:約10K

10Kコールドパネルを中心に
主に窒素,酸素,アルゴンなどを
吸着･排気する

活性炭:約10K

10K活性炭で水素,ヘリウムなどを
吸着･排気する

クライオポンプの再生

冷凍機を逆回転させる発熱によって、
吸着した気体を再放出させて
クライオポンプを再生する

43 気体分子を化学反応させるゲッタポンプ

真空ポンプ⑧

ゲッタポンプはチタンなどの化学活性な物質と気体分子を反応させて気体分子を取り込み・排気するため込み式の真空ポンプです。高真空から超高真空領域で他のポンプの排気速度を補助したり、低圧力を維持するポンプとして使用します。ゲッタ材料を蒸発・気化して排気する気体分子と反応させる蒸発型と固体ゲッタの表面で気体分子と反応してその固体に閉じ込める非蒸発型の二種類があります。

蒸発型ゲッタポンプの代表例がチタンサブリメーションポンプです。左図に構造と動作機構を示しました。チタン製のフィラメントまたはモリブデン製のフィラメントの表面にチタンコーティングしたものを通電加熱してチタンを気化します。気化したチタンは排気する気体分子と化学反応して冷却された対向面に固体膜として付着します。このチタンサブリメーションポンプは排気速度が大きいのが特徴で他のポンプと併用して高真空から超高真空領域へ高速排気するために使用されます。

最近、特に注目されているポンプとして非蒸発ゲッタポンプ（NEGポンプ）があります。チタンージルコニウムーバナジウムを主体としてハフニウム、ニオブ、タンタル、シリコンなどを添加した材料をゲッタとして使用します。非蒸発ゲッタポンプは固体のゲッタ表面に排気気体分子を化学吸着させて排気をします。ポンプ動作時は通常、室温です。排気分子が表面を覆うと排気能力が低下しますが、ポンプに設置している加熱用ヒータでゲッタ材料を加熱すると吸着分子はゲッタの内部に拡散し、排気能力が回復します。

この非蒸発ゲッタ材料を直流スパッタリング法によって真空部品の内面にコーティングし、真空部品自体にポンプ機能を持たせて使用する技術があります。この技術は超高真空状態を容易に保持することができる点で注目されています。

要点BOX

●蒸発型ゲッタポンプは高真空から超高真空に高速排気するために他のポンプの補助として使用する

ゲッタポンプ（チタンサブリメーションポンプ）の動作機構

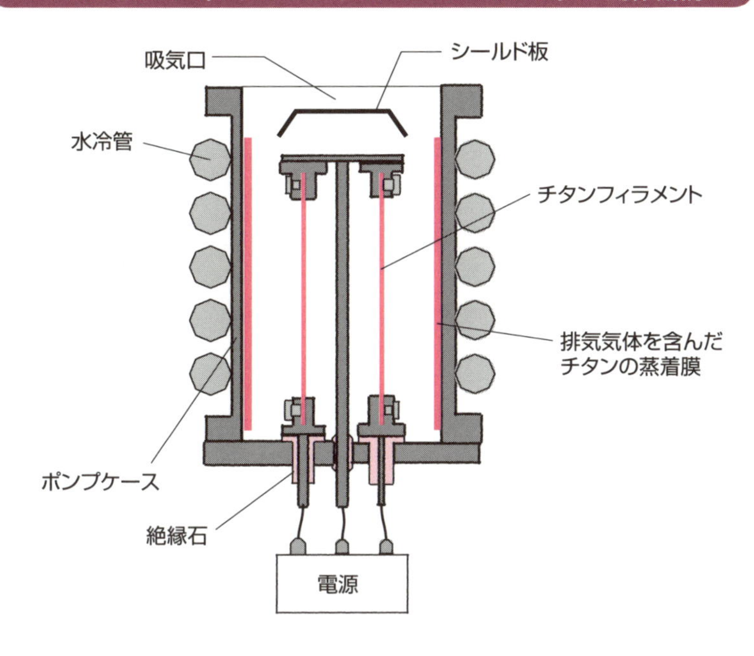

非蒸発ゲッタポンプの動作機構

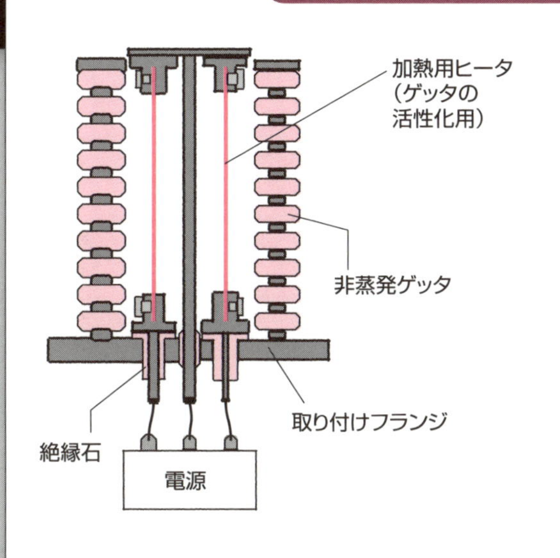

ポンプ動作時:室温

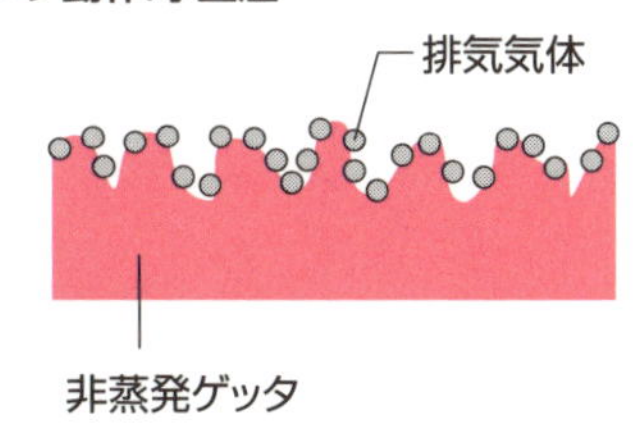

活性化処理時:130-200℃

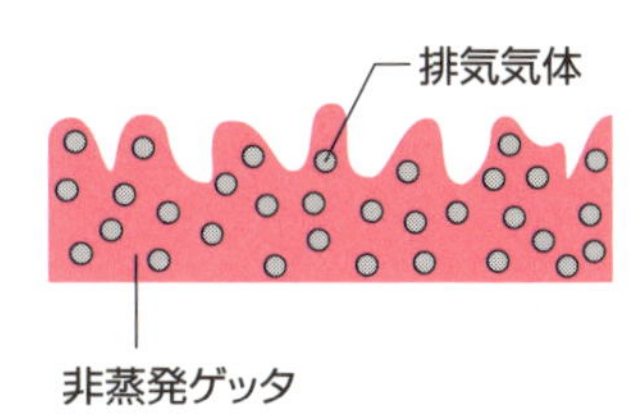

44 取付け方向に注意が必要な真空バルブ

真空を作る構成部品❶

真空を作るために重要な構成部品として真空バルブがあります。まずL型の真空バルブを例に解説します。低真空・中真空用では弁座を上下駆動する軸をOリング（通常フッ素系のゴムを使用する）でシールします。真空技術にとって大気の真空側への漏れ（リークと呼ぶ）は深刻です。ここの軸シール部分で漏れの有無を確認するための試験用としてリーク試験用ポートが開口しています。ここにヘリウムを吹きかけてリーク試験をおこないます。

高真空用ではOリングによる軸シールを採用しません。この部分の気密性を高めるためベローズを溶接した構造を組み込んでいます。この構造によって気密の信頼性は格段に高くなります。さらに超高真空用ではベーキングに配慮して加熱特性に優れたポリイミド樹脂を弁座シールに採用します。

バルブには必ず流れの方向があります。L型バルブではハンドルの位置から弁座方向を把握することが可能ですがストレートバルブでは一見、判断できません。このためバルブには矢印が付いています。矢印の矢尻と反対の方向側が弁座シールの方向です。真空室からの排気配管として使用する場合、この矢印の方向に気体の流れの方向をセットしてください。真空室への気体の導入バルブとして使用する場合は、設計の考え方によりますが、気密特性の良い弁座側（矢印の矢尻の反対側）を真空室側にすることがあります。この場合は気体の流れる方向と矢印は反対側になります。

真空室に基板などの試料を導入するためにゲート真空バルブを使用します。このバルブは駆動方向Aの方向で弁座の開閉がおこなわれ、駆動方向Bの方向で弁座シールを実施します。この種のバルブは弁座が大きいため閉時に弁座シール側を真空室側とし、閉じたときに逆方向の圧力が印加されることを避ける工夫が必要です。

要点BOX

- 低真空・中真空用はOリングによる軸シール機構を採用することができるが高真空用ではベローズシールを使用する

L型真空バルブ

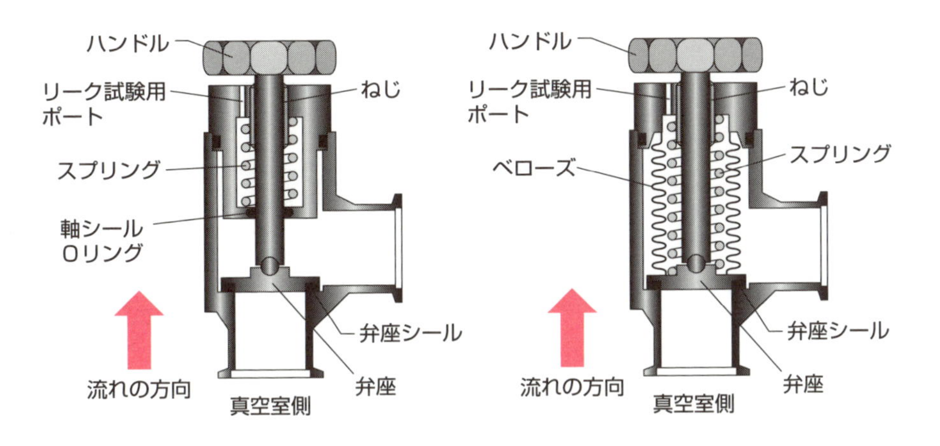

ゲート真空バルブ

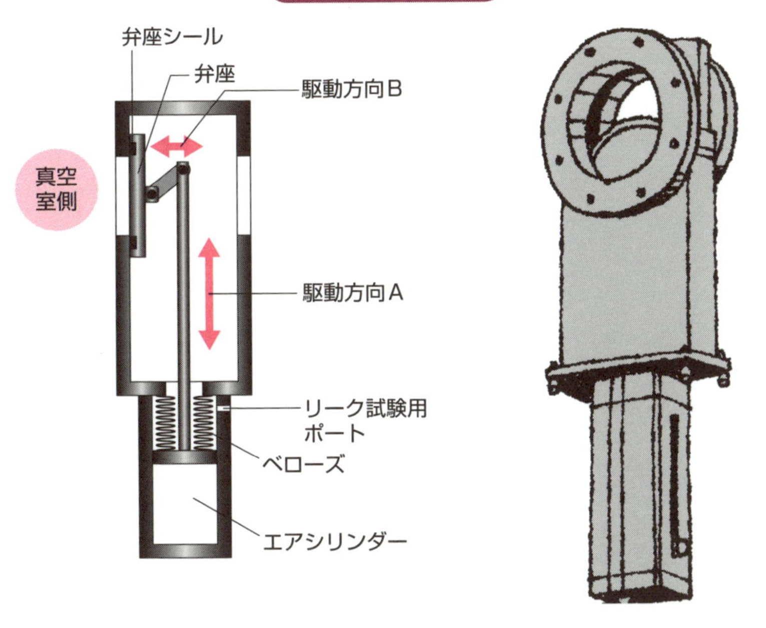

45 大気と真空間をつなぐ真空部品

真空を作る構成部品❷

真空を作って使用するためには大気と真空室内との間に運動機能、電力・電気信号や光学情報の交換をおこなう必要があります。特に高真空、超高真空領域では簡単な機構で交換をおこなうことができないため、種々の工夫をこらした真空部品が開発されています。この項では高真空以下の圧力に配慮した真空部品とその機構を解説します。

大気圧と高真空以下の圧力との間で運動機能を伝達するにはベローズを使用した機構が使用されています。左図にベローズ型の直線導入器と回転導入器の構造を示しました。特に回転導入の機構は工夫されています。大気側と真空側で同軸の回転軸があり、お互い首が曲がった状態で傾斜した接面を持って接しています。この接面部にベローズの真空シールが組み込まれています。曲がった首が回転することでシール部を経由して真空室内に回転が伝達されます。

最近は強力な磁石が開発されてきました。大気側と真空側で磁気結合することによって簡便に直線および回転機構を伝達することが可能です。

電力および電気信号の伝達部品も工夫されています。アルミナセラミックを絶縁体として電力および電気信号を伝達する銅棒または銅線部分と真空フランジ（ステンレス）との間を絶縁します。アルミナセラミックはその表面の必要な一部分に金属コーティング（メタライズと呼んでいる）を作ることが可能です。メタライズ部分と銅などの金属部分を真空ロー付けすることで電流導入端子が作られています。

のぞき窓を含め光学的な情報交換に光学窓が必要です。フランジのステンレス鋼と熱膨張率の近い材料同士を溶接しながら窓材ガラスまで繋ぎます。一番簡単な構造はステンレス鋼から金属コバールを経由してコバールガラスに繋ぐ方法です。パイレックスにはコバールガラスから直接接続可能ですが石英ガラスまでは数種類のガラス接続が必要です。

要点BOX

- 大気から高真空以下の圧力に運動機能を伝達するにはベローズまたは磁気結合によっておこなう

真空部品

直線導入器（ベローズ型）

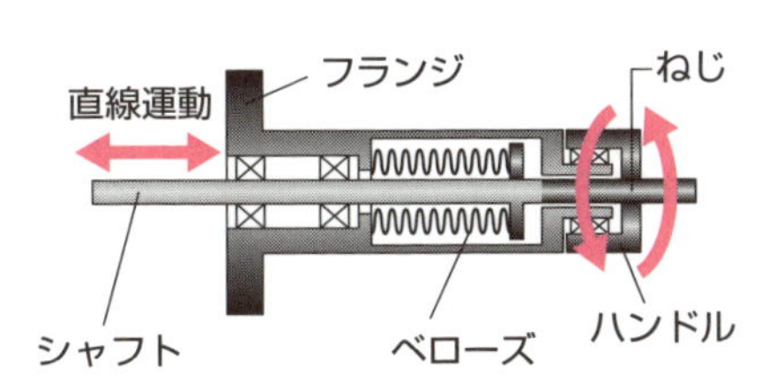

回転導入器（ベローズ型）

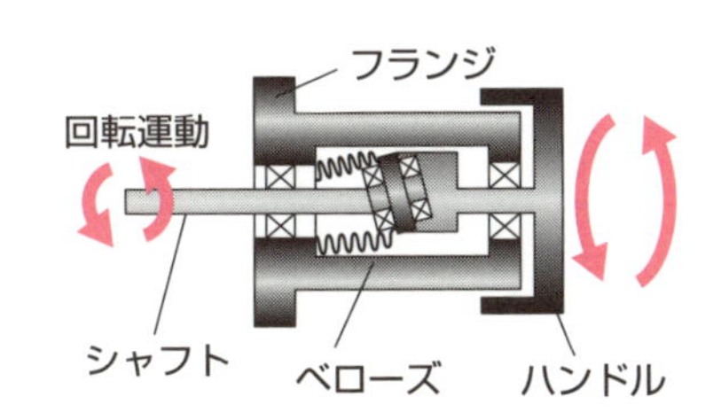

回転直線導入器（磁気結合型）

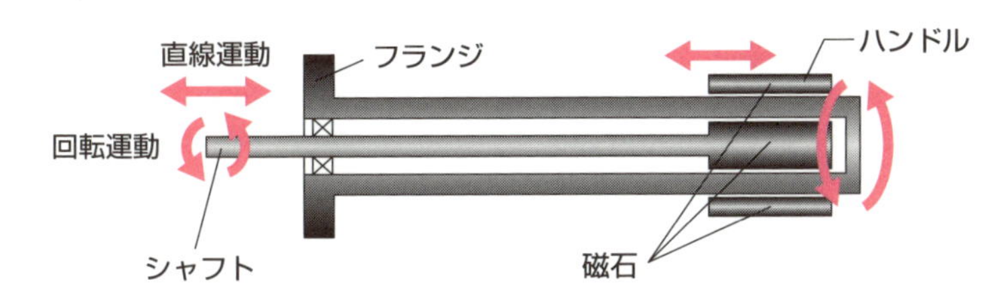

電流導入端子

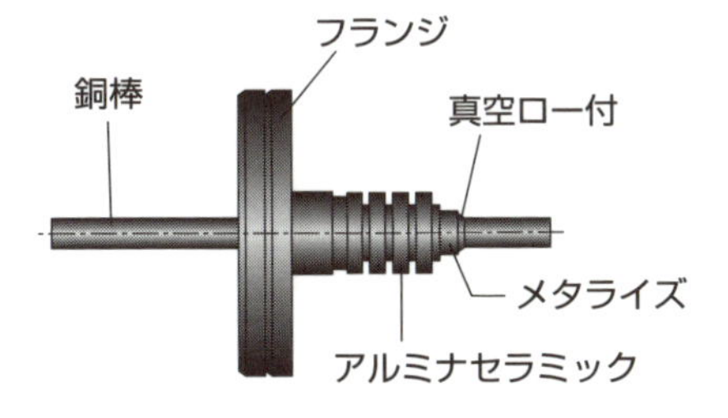

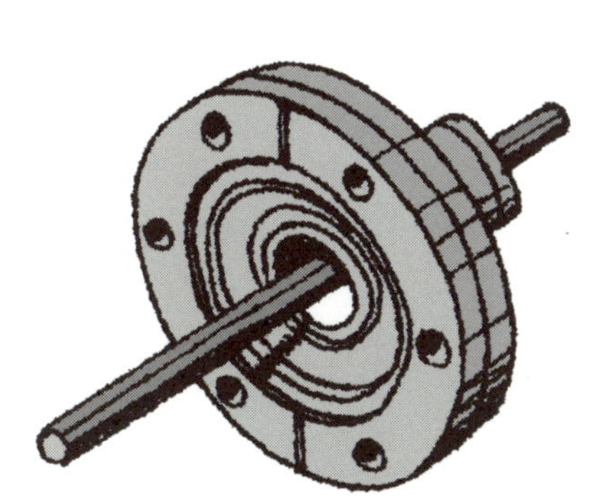

光学窓

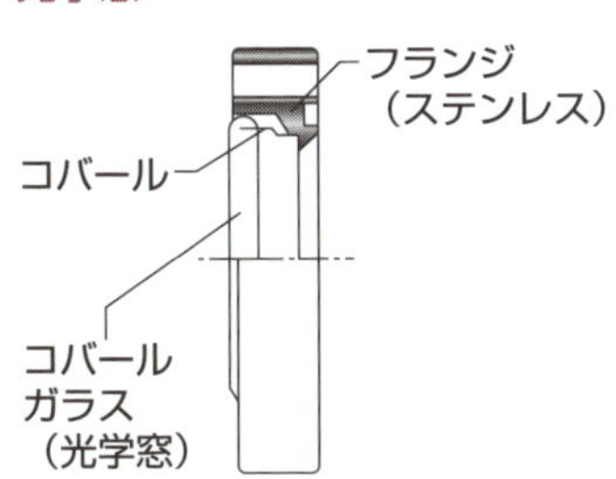

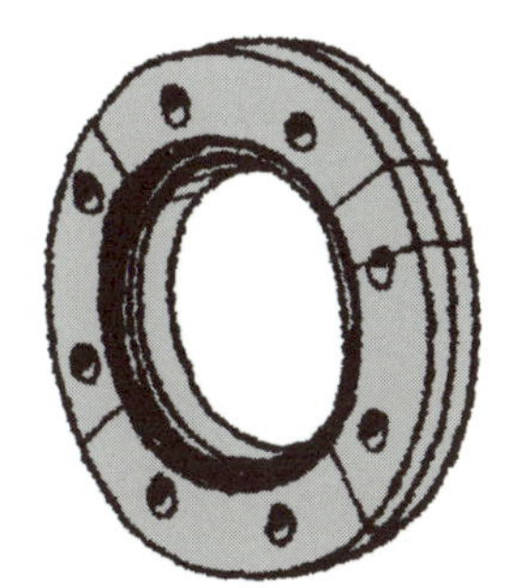

46 漏れ試験はどうすればいいのか

真空を作る構成部品❸

真空システムを作る場合、各部品毎および最終完成時に漏れ試験(リークテスト)を実施します。漏れの状態およびその量が最終的に許容範囲内であるかを確認するためです。

最も汎用的に使用されている方法はリークディテクタを使用したヘリウムリーク試験です。真空部品は組み立てる毎にこの種の試験を実施して漏れの状態を把握し、良品判定をおこなった後に次の工程へ進みます。リークディテクタの内部には質量分析計があり、ヘリウムの感度を検出するように調整してあります。ヘリウムm／z＝4の信号は水素、重水素よりも重く、その他の分子より軽く、天然に少ないため雰囲気の影響を受けにくいので漏れ試験用として使用されます。調査する試験体はリークディテクタと接続し、リークディテクタより排気します。漏れを確認する部位にガス銃より微量にヘリウムを噴出し吹きかけます。漏れがある場合、リークディテクタで漏れの量を定量的に測定することが可能です。ヘリウムは空気より軽いため上方に拡散します。この現象に配慮し誤認を防止するため、試験部位は上部から下部に確認を進めます。

完成に近い真空システムは四極子形の質量分析計を真空容器に付けて漏れ試験を実施します。質量分析計の感度をヘリウムの原子量m／z＝4に固定しておけば前述のヘリウムリーク試験を実施することが可能です。また質量分析計は分圧を測定することが可能のため、メインバルブを開から閉にし排気を停止すると真空容器内の分圧上昇が把握できます。大気の漏れは窒素分子m／z＝28と酸素分子m／z＝32の信号強度比が4：1で増加します。種々のプロセスガスを使用するとき、プロセスガスの分子量に相当するm／zの信号強度が顕著に増加する場合はプロセスガス導入バルブの弁座リークがあることがわかります。

要点BOX

●真空システムを作る場合、各部品毎および最終完成時に漏れ試験(リークテスト)を実施。漏れの状態が許容範囲内であるかを確認

ヘリウムリーク試験

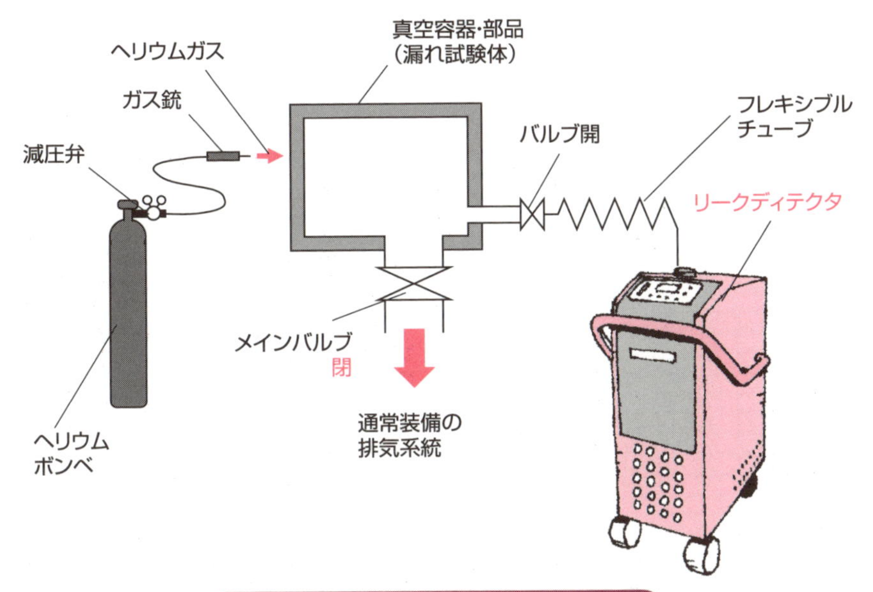

四極子形質量分析計を使用した試験

ヘリウムリーク試験とビルドアップ法

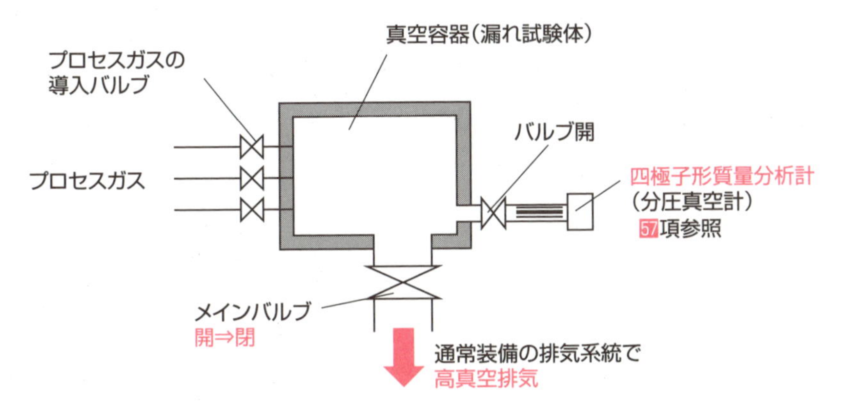

ビルドアップ法: メインバルブを開から閉にし、四極子質量分析計の信号変化を確認する。

大気の漏れ:窒素分子m/z = 28 と酸素分子m/z = 32 の信号強度比が4 : 1 で増加する。

プロセスガスの導入バルブ弁座リーク: プロセスガスの分子量に相当する m/z の信号強度が顕著に増加する.
この漏れはヘリウムリーク試験では検出できない.

Column

エジソンの
メンテナンス技術

　本章では真空システムを作る技術に関して紹介しました。システムを維持管理するためにはメンテナンスの技術が大変に重要です。エジソンが真空システムを利用して電球の実用化に力を注いだことは先に述べましたが、エジソンは電球だけではなく電灯産業全体の実用化を実現しています。発電所も作りましたし、電気自体を販売するために積算電力計をも開発しています。さらに、これらのシステムを維持するためのメンテナンス技術の確立にも注力しました。

　エジソン電球とそのシステムが商業的に利用されたのは汽船コロンビア号であると言われています。発電機は二台の蒸気機関にそれぞれ二個ずつ合計四機搭載され、電球は大広間・特別室などの照明用に115個使用されました。汽船コロンビア号は1880年、東海岸のチェスターを出航しホーン岬を回ってサンフランシスコに入港しています。その約二ヶ月の航海では、夜間にあかあかと船を照らした電球の明かりに沿岸から見学した人々は感嘆したそうです。

　この航海の間に電球を点灯させた時間は415時間でしたが、フィラメントの切れた電球は一個も無かったそうです。この事実からエジソンが管理した「電球の品質の安定性」に驚かされます。またサンフランシスコに到着後、エジソンは現地に新しい電球を送り、全電球を新品に交換するメンテナンスを指示しています。一個でも切れた状態で航海することを許さなかったのです。当時の保守技術の観点から、故障前に新品へ定期交換するメンテナンスは画期的でした。もちろん、不要な部分のメンテナンスはおこなっていません。さらにエジソンは電球の保守を容易にするために「ねじ込み型の口金」も考案し組み込んでいます。これらの配慮からエジソンが供給したシステムは安定稼働し、人々から好評を受け支持されることになります。

第6章

“真空”は何でどうやって測る？

47 真空を測る真空計ってどんなもの?

真空計にはいろいろなものがある

真空の程度の指標は圧力(単位面積当たりの力)であり、大気圧より低い圧力領域を測定するのが真空計です。真空計は7項で解説した絶対圧計になるので日常的に使用されているゲージ圧計との差に注意してください。通常の真空計は全圧を測定するのですが、真空の質の管理が必要な場合は分圧を測定できる分圧計が必要となります。

真空計は日本工業規格(JIS)によって左図のように分類されています。汎用的に使用されている重要な真空計(赤枠部分)を個別に解説します。

各種真空計の特徴と動作範囲を左図にまとめました。真空計の守備範囲は産業で使用されている領域だけでも10桁以上になり、これだけ広い範囲を一つの技術で計測することは不可能です。このため高真空領域以下の圧力を使用する場合、使用目的に合うように二種類以上の真空計を組み合わせてシステムを構築します。また、このように広い範囲を計測するため真空計の精度および再現性に関する必要性が重要です。しかし性能が良い真空計は格段に高価です。おおよその圧力を把握できればよいのであれば、精度が悪くても安価な真空計を選択する判断が必要です。

真空計の原理を分類すると「機械的現象を利用したもの」「気体の輸送現象を利用したもの」「気体中の電離現象を利用したもの」に分けられます。本来、圧力の定義は「単位面積当たりの力」ですので、この「力」の大きさを直接的に測定したのが「機械的現象を利用したもの」になります。また、気体の熱伝導や粘性を利用して気体の密度を把握する方法が「気体の輸送現象を利用したもの」です。さらに圧力の低い領域では気体の密度が小さいため難しい技術となります。気体をイオン化し、イオンの電流を計測することで気体の密度を把握する「気体中の電離現象を利用したもの」が主流です。

要点BOX

- 真空計は絶対圧計であるため、通常の圧力計であるゲージ圧計との差に注意する

真空計の種類と分類

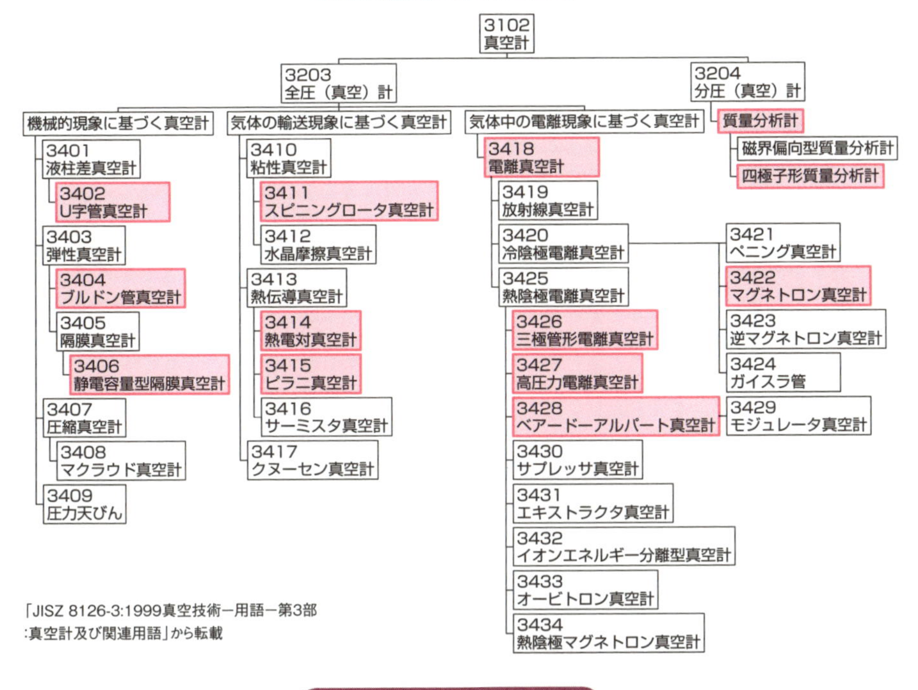

主要真空計の動作圧力

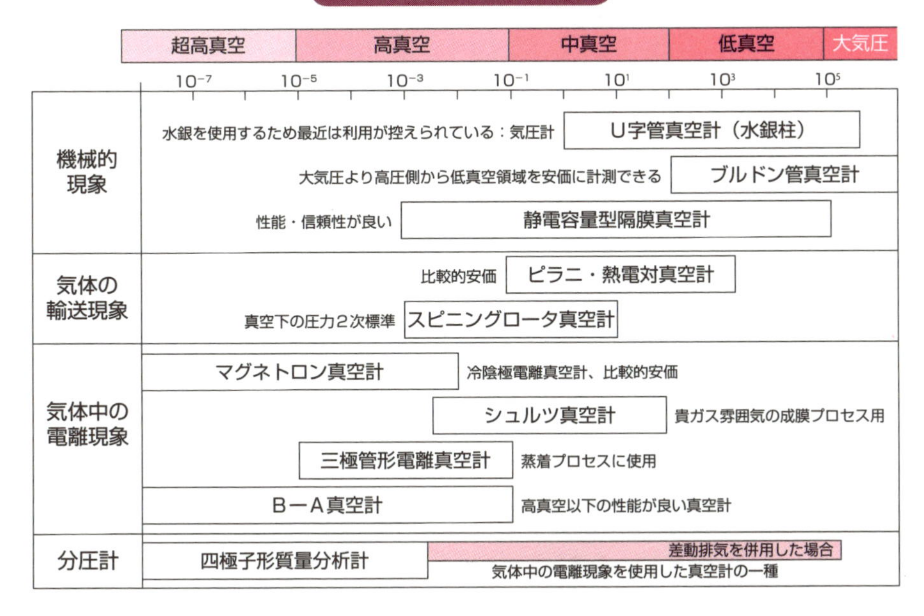

48 全圧計と分圧計ってどんなもの？

真空雰囲気の構成要素を知る

真空を使用したプロセスを設計する場合、真空雰囲気を構成している気体の種類と量は大変に大切な情報です。この情報は通常の真空計である全圧計では知ることができません。混合気体の成分の分圧が測定できる分圧計を使用することになります。

ここで改めて基礎と用語の定義をまとめておきます。ドルトンの分圧の法則から、左図に示したように混合気体の全体の圧力（全圧）はその各成分気体のみの圧力（分圧）の和に等しくなります。日本工業規格（JIS）では全圧（真空）計と分圧（真空）計を、

全圧（真空）計：気体の全圧を測定する真空計。
分圧（真空）計：混合気体の成分の分圧を測定する真空計。現用されている分圧真空計のほとんどは質量分析計の一種、と定義しています。

実際の真空雰囲気を質量分析計で測定した一例を左図に示しました。横軸はm／zと呼ぶ指標で測定イオンの分子量に相当する値です。ただし、イオンの電荷量で規格化されていて二価のイオンは分子量の半分になります。オイルフリーの真空ポンプで高真空まで排気したときの真空雰囲気は水素と水が主成分となっています。m／z＝1のピークの測定は難しく、ここが測定できない質量分析計も多くあるので注意してください。空気が残留していると窒素m／z＝28および酸素m／z＝32のピークが4：1となります。真空容器に大気からの漏れがある場合もこのような強度の信号となります。さらに大気からのアルゴンm／z＝40や二酸化炭素m／z＝44が確認できます。二酸化炭素は一酸化炭素とともに熱陰極真空計や質量分析計の熱フィラメントから放出された分子も含まれています。酸素雰囲気を低減するには、大気の漏れを防止してベーキングをおこない水分圧を低減します。油を使用した排気系で高真空排気した場合、これらの信号に炭化水素に起因するピークが含まれます。

要点BOX

- 全圧（真空）計とは気体の全圧を測定する真空計である。分圧（真空）計とは混合気体の成分の分圧を測定する真空計である

ドルトンの分圧の法則

混合気体の圧力p(全圧)は、その各成分気体のみの圧力p_i(分圧)の和に等しい。

$$p = p_1 + p_2 + p_3 + p_4$$

p：混合気体の全圧

p_1, p_2, p_3, p_4：各気体成分1,2,3,4の分圧

全圧計と分圧計（ＪＩＳによる定義）

全圧計：気体の全圧を測定する真空計

分圧計：混合気体の成分の分圧を測定する真空計現用されている分圧真空計のほとんどは質量分析計の一種である

真空雰囲気を質量分析計で測定した一例
（オイルフリーの真空ポンプで排気した場合の例）

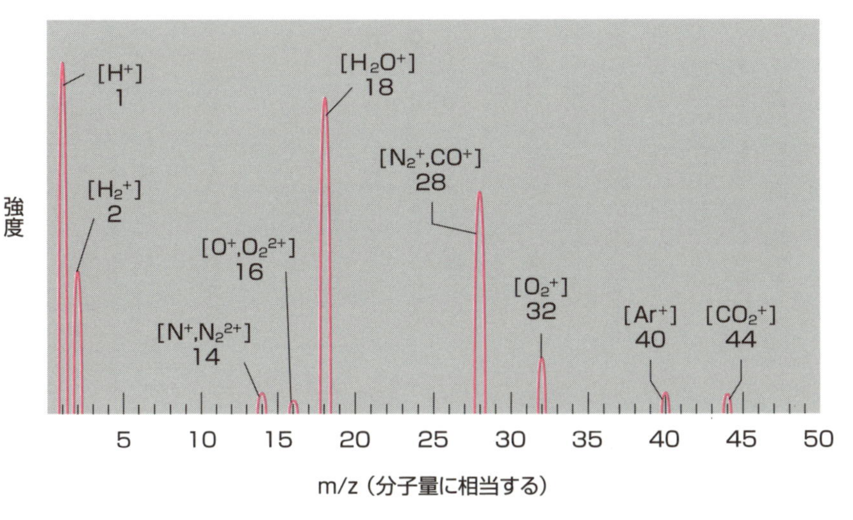

49 気体そのものの圧力を測定する

水銀柱、U字管真空計

水銀柱によるU字管真空計は気体の圧力そのものを測定する方法です。その構造と原理を左図に示しました。U字管真空計には開管型と閉館型があります。開管型は、真空室が大気圧の状態では水銀の高さに差はありません。ここから真空室を真空排気すると真空室側の水銀柱が上昇して高さの差Δh_1が生じます。この水銀柱の高さの差Δh_1は大気圧と真空室内圧力の圧力差を表しています。これはゲージ圧計の一種でΔh_1は大気圧の変動により値が変化しますので注意してください。また、大気圧が 0Pa(G)ですので測定した圧力値は負の値となります。

一方、閉管型では真空室が大気圧の状態で水銀は封止部まで空間なく充填されています。ここから真空室を真空排気し、真空室が所定の圧力以下になると封止部に空間が生じます。真空室内の圧力が下がるに従って水銀柱の差Δh_2は小さくなります。水銀柱は真空室側の方が高く、その差Δh_2は真空室内の絶対圧に相当します。この方法では大気圧の影響は受けません。

水銀柱の高さの差Δh_1またはΔh_2から圧力p(Pa)へ換算する方法を左図に示しました。水銀の密度および重力加速度を使って算出することができます。圧力を含めたそれぞれの単位に注目するとわかり易いです。本来、圧力pの単位Paは「単位面積当たりの力」なので質量、長さおよび時間から組み立てられています。水銀の密度、重力加速度および水銀柱の高さの差をかけると圧力の単位となります。圧力の計算例として水銀柱の高さが760㎜の場合を示しました。この値から算出された圧力は1.013×10^5 Paとなります。これは標準大気圧の値です。

開管型の場合、Δh_1から算出した圧力値は大気圧より小さいためゲージ圧として負の値が得られます。閉管型の場合、Δh_2から算出した圧力値は絶対圧として正の値が得られます。

要点BOX

- 水銀柱によるU字管真空計には開管型と閉管型があり、開管型は大気圧との差圧が求まりゲージ圧となり、閉管型は絶対圧の測定ができる

水銀柱・U字管真空計

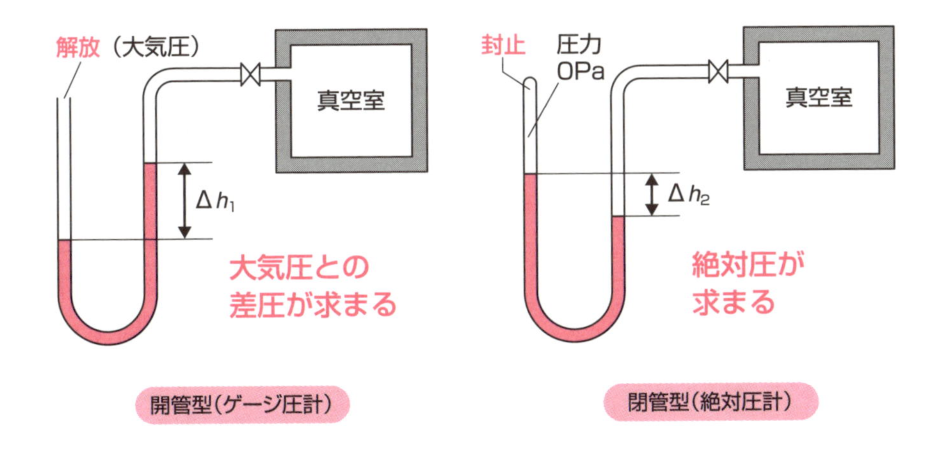

開管型（ゲージ圧計）　　閉管型（絶対圧計）

水銀柱からの圧力計算

予備知識　圧力の単位Paは下記の組立単位である

$$Pa = N/m^2 = kg/(m \cdot s^2)$$

水銀の密度：$13.595 \times 10^3 kg/m^3$（$= 13.595\ g/cm^3$）
重力加速度：$9.80665\ m/s^2$

水銀柱の高さの差Δh（単位：m）から生じる
圧力p（単位：Pa）は下記の式で求められる

p(Pa) =水銀の密度 × 重力加速度 × 水銀柱の高さの差
$= 1.333 \times 10^5 (kg/(m^2 \cdot s^2)) \times \Delta h(m)$

【例】水銀柱の高さの差Δh（単位：m）が760mm（= 0.760m）のとき圧力は1.013×10^5Paとなる

50 大気圧以上から低真空まで安価に測定

ブルドン管真空計

大気圧以上の圧力から低真空領域まで安価に簡便に測定できる圧力計がブルドン管です。フランスの発明家であったブルドンによって考案されたためこの名称が付けられました。ブルドン管の構造を左図に示しました。ブルドン管は中空のクエスションマークの形をした管です。この管は外部（通常大気圧）と内部の圧力差で歪みが生じ、この歪みの大きさを指針へ伝達して管内部の圧力を知るものです。ブルドン管の表示部の例を左図に示しました。ブルドン管は、その構造からも明らかですが、大気圧を基準とした「ゲージ圧計」です。このためブルドン管の圧力表示は「大気圧をゼロ」とした表示です。また、ブルドン管の測定圧力範囲によって下記の名称を使用することが日本工業規格（JIS）によって定められています。

圧力計：正のゲージ圧を測定するもの。
真空計：負のゲージ圧を測定するもの。
連成計：正及び負のゲージ圧を測定するもの。

そして「連成計の目盛りは、正のゲージ圧を示す圧力部と、負のゲージ圧を示す真空部とからなる」と併記されています。真空を測定するブルドン管は、しばしば真空部の表示を「赤色」としていて、「負のゲージ圧」を意識させ、誤解を少なくする配慮です。

ブルドン管は高圧の圧力測定から真空まで測定することが可能であるため、プロセスに使用するガス配管系の圧力測定に連成計を使用します。実際の連成計の表示も大気圧がゼロとなっていて、ゲージ圧計であることがわかります。プロセスガスの流量を算出するとき、算出に必要な圧力は絶対圧です。ゲージ圧の表示値をそのままの値としてガス流量計算に使用しないでください（7項参照）。また、ブルドン管は管の弾性を利用しています。弾性限界内で使用することが必要で、連成計では特に、表示の最大圧力を絶対に超えないように注意してください。

要点BOX
●ブルドン管はゲージ圧計で大気圧を基準

ブルドン管真空計

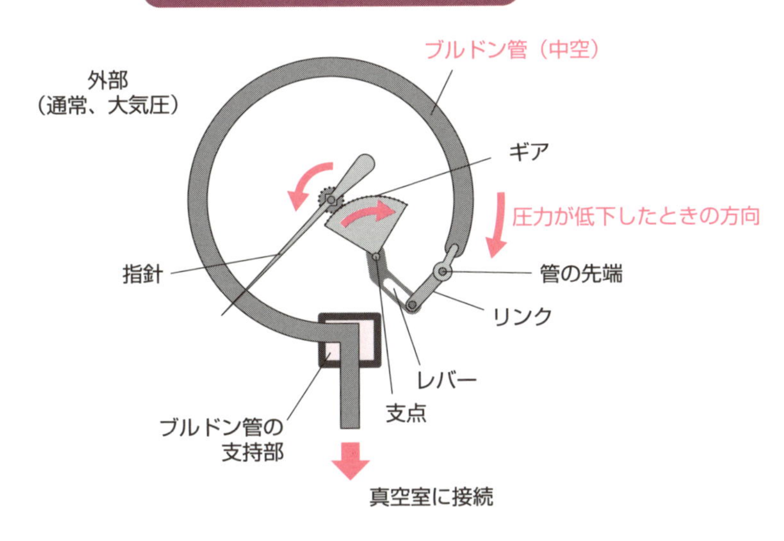

ブルドン管（連成計）の表示

ブルドン管（真空計）の表示

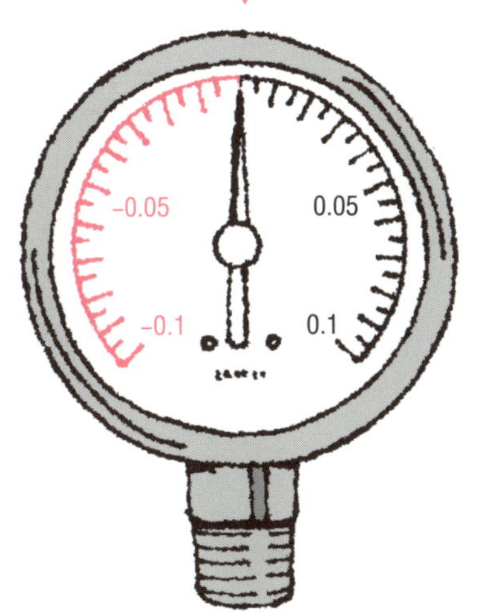

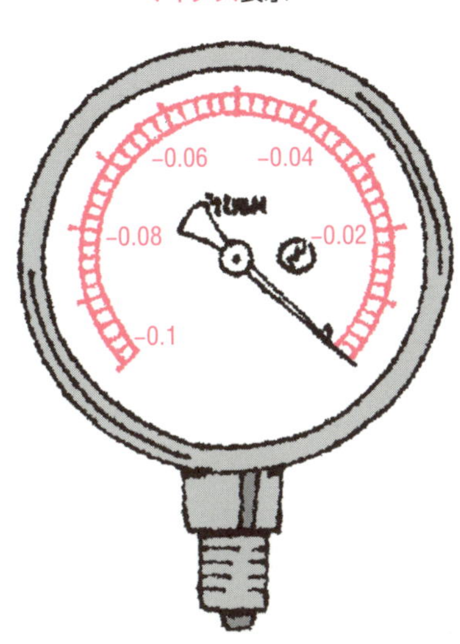

51 高真空から中真空で使用できる簡便な真空計

ピラニ真空計、熱電対真空計

加熱したヒータ線から気体が熱を奪い、ヒータ線の冷却効果を利用した真空計にピラニ真空計と熱電対真空計があります。比較的安価に高真空および中真空領域の圧力を測定することができます。

左図にピラニ真空計の断面構造と計測用のブリッジ回路を示しました。ピラニ真空計では白金測熱抵抗体をヒータとして使用します。白金測熱抵抗体は、それ自身の温度と抵抗値に良い相関関係をもっています。これをヒータ線として使用、このヒータ線に気体分子が衝突すると、その衝突頻度によってヒータ線から熱を奪いヒータ線が冷却されます。ヒータ線として白金測熱抵抗体を使用しているため、この冷却後の温度はヒータ線自身の抵抗値から計測することが可能です。ヒータ線の抵抗値はブリッジ回路で精密に測定します。このピラニ真空計は気体の熱伝導を利用しているため、気体の種類によって感度が異なります。感度特性を左図に示しました。感度特性は通常、窒素分子を基準に校正されています。窒素分子より熱伝導の大きい水素やヘリウムの場合、ヒータの冷却が大きくなるため、真空計の表示値より真の値は小さいことになります。反対に熱伝導が窒素より小さいアルゴンやクリプトンの場合、真空計の表示値より真の値は大きくなっています。

中真空領域では上記のように気体の種類によって感度が異なる(最大一桁程度)ものの圧力に比例した特性が得られます。しかしながら圧力の高い高真空領域で使用する場合には感度の直線性が失われていますので注意が必要です。特にこの領域でアルゴンなどの窒素より熱伝導の小さな気体では、大気圧状態であっても、真空状態であるかのように表示されますので注意してください。

熱電対真空計はヒータの温度降下を熱電対によって測定する真空計です。この真空計ではヒータの材質の自由度が高い利点があります。

> **要点BOX**
> ●ピラニ真空計および熱電対真空計はヒータ線の気体による冷却効果を測定
> ●窒素を基準に校正されている

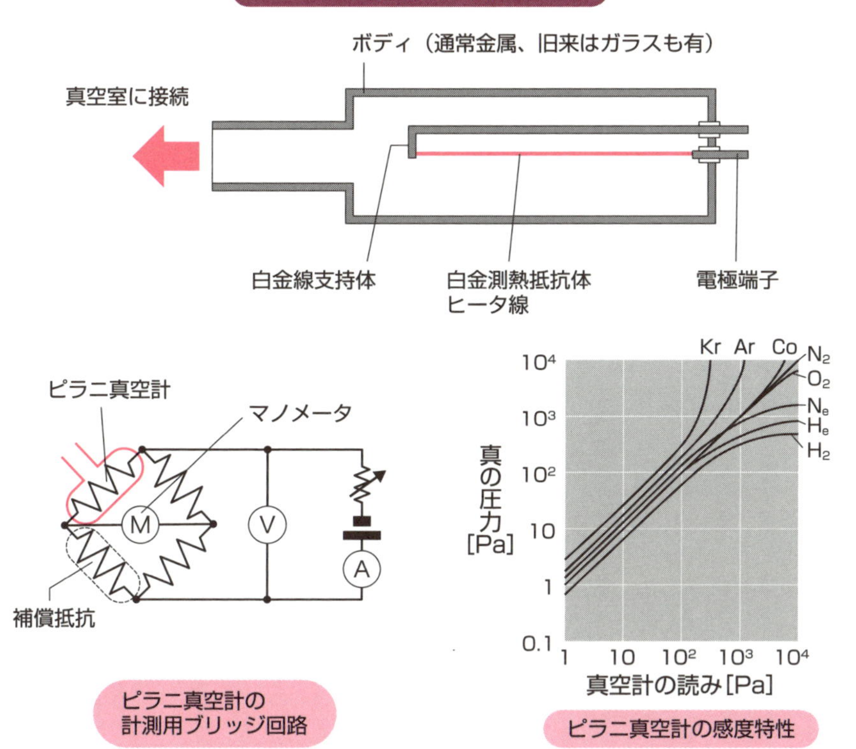

ピラニ真空計の計測用ブリッジ回路

ピラニ真空計の感度特性

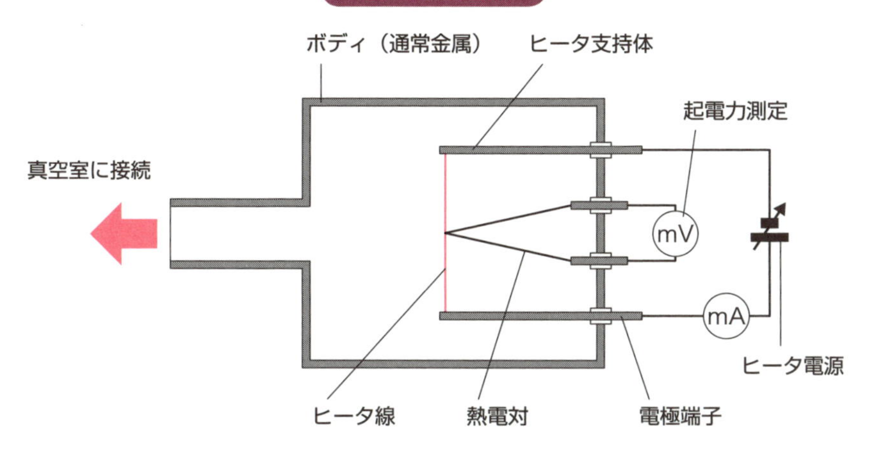

52 高真空の中間領域まで高精度で測定

静電容量型隔膜真空計

　静電容量型隔膜真空計は大気圧から高真空の中間領域まで高精度で測定できる真空計であり、多くの製造工程で使用されています。ただし、一つの真空計で測定できる範囲は3桁から4桁のため、広い領域を計測するためには計測レンジの異なった静電容量型隔膜真空計を二種類または三種類併用して使用することが必要です。

　静電容量型隔膜真空計の構造を左図に示しました。圧力を測定する真空室と同じ圧力である測定室と、基準室との間にダイヤフラム（隔膜）が設置してあります。両室はこのダイヤフラムを介して隔離されていて、基準室は通常、高真空に排気された状態で封止されています。このためダイヤフラムは測定室の圧力に応じて「たわみ」が生じ、この「たわみ」の程度を固定電極との間の静電容量を計測することで定量化、測定室の圧力に換算します。

　このように静電容量型隔膜真空計はダイヤフラムに印加される圧力そのものを測定するため真空容器内の気体の種類に影響されません。ただしダイヤフラムの「たわみ」はこの部分の温度による膨張・収縮の影響を受けます。このため別途、温度センサーを組み込んでダイヤフラムの温度を検知し補正をおこなったり、この真空計全体を一定の温度で加熱保温することで温度の影響を受けにくくする工夫が組み込まれています。また、ダイヤフラムの「たわみ」が大きくなるとこの部分を破損してしまいます。このため、圧力による「たわみ」に対向するようダイヤフラムと電極間に静電的な力を印加し、ダイヤフラムの変位を常にゼロに保つように制御する零位法があります。この零位法の場合は圧力は「たわみ」に対向するために印加した電圧から換算します。

　昨今はプロセスに反応性が強く活性な気体を使用します。この対策としてインコネルダイヤフラムやサファイヤダイヤフラムの製品も市販されています。

要点BOX

●広い領域を計測するためには計測レンジの異なった静電容量型隔膜真空計を2〜3種類併用して使用することが必要

静電容量型隔膜真空計

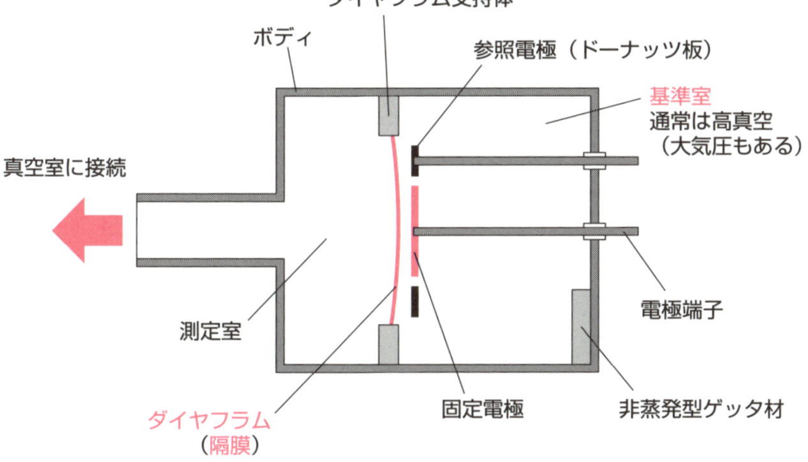

$$C = \frac{\varepsilon_0 S}{d}$$

C ：静電容量
ε_0 ：誘電率
S ：電極面積
d ：電極間距離

静電容量型隔膜真空計の一例

53 高真空から超高真空領域で汎用的に使用されている真空計

電離真空計・B-A真空計

高真空から超高真空領域で汎用的に使用されている真空計は熱陰極電離真空計です。熱フィラメント(熱陰極)から放出される電子を利用して、三極電子管(信号の増幅に使用する真空管)構造をベースに真空計が考えられました。すなわち放出熱電子によって気体をイオン化し、生成したイオンからのイオン電流を定量的に測定するようにしたものが三極形電離真空計です。気体の密度が上昇するとイオン電流が大きくなることを利用しています。

通常の三極電子管と異なる点はコレクタで、真空管では正イオンが流入します。熱フィラメントから放出された電子は、気体分子と衝突・イオン化します。さらに電子はグリッドにからまり付いて気体の正イオン化を促進し、電子は最終的にグリッドへ流入します。生成した正イオンはグリッドの周囲を囲むように設置してあるコレクタで回収してイオン電流として検出します。この構造はイオンを効率よく回収でき、ノイズに強いことが特徴で、真空室側で電子銃を使用した蒸着やプラズマを使用する真空プロセスで利用されています。

この三極形電離真空計を超高真空領域に応用する場合、致命的な欠点が知られています。10^{-5} Pa以下の圧力を測定することができません。グリッドへ電子が流入するときに軟X線が放出されます。この軟X線がグリッドの周囲にあるコレクタ面に入射すると光電効果によってコレクタ面から電子が放出し、本来のイオン電流と区別することができません。ベイヤードとアルパートはこの問題に気づき、彼らの頭文字を取ったB－A真空計を開発しました。コレクタをグリッドの中心に針状として設置し軟X線の入射面積を極力、小さくしてこの問題を解決しました。このB－A真空計は超高真空用としてボディをなくし、真空室に直接挿入して計測するヌードゲージにも応用されています。

要点BOX

●グリッドで発生する軟X線の影響を極力小さくすることで超高真空まで計測可能としたのがB－A真空計である

三極管形電離真空計

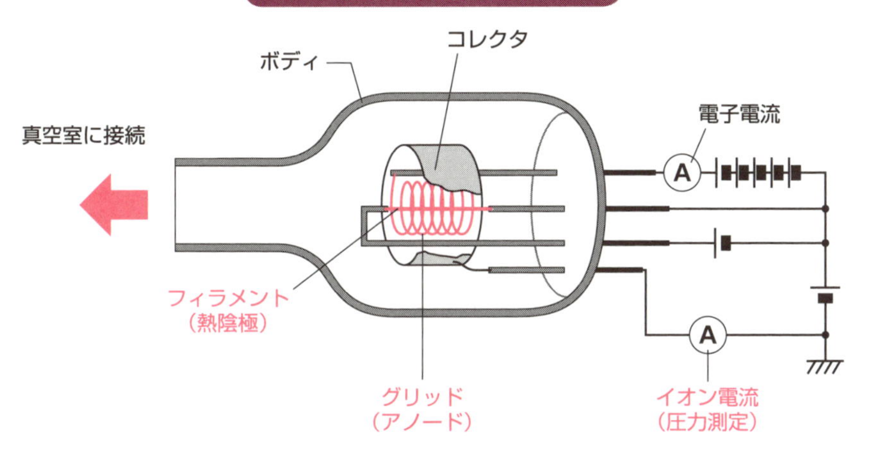

B－A（ベアードーアルパート）真空計

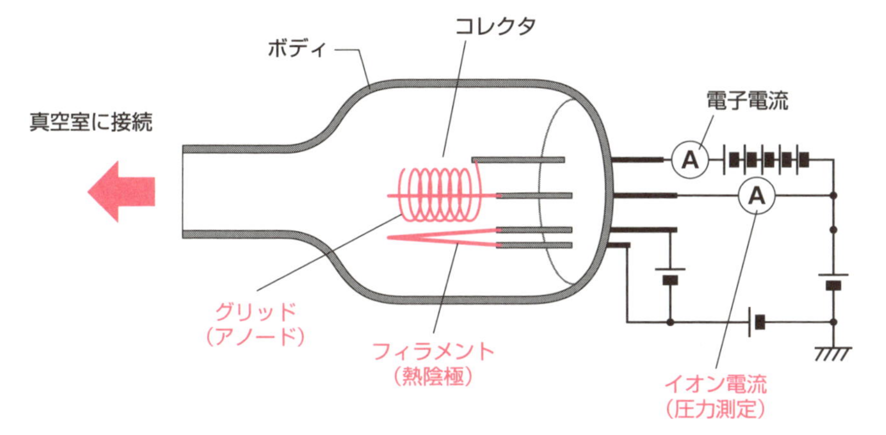

ヌードゲージ

54 熱陰極形電離真空計を中真空領域まで使用できるように工夫

シュルツ真空計、高圧力電離真空計

再現性など種々の優れた性能を持つ熱陰極形電離真空計を約１００Paの中真空領域まで使用できるようにした高圧力電離真空計がシュルツ真空計です。グリッドとコレクタの二枚の平行平板電極と、その間に熱フィラメント（熱陰極）が設置されています。

熱陰極形真空計としては圧力の高い中真空領域で使用するための工夫として、まず熱フィラメントがあります。ここは熱電子を放出する重要な部分で、フィラメントの表面が酸化・変質すると安定した電子放出ができません。このためフィラメントの材質として酸化されにくいレニウムを採用したり、熱電子放出材として知られている酸化トリウム（トリア）をコーティングしたイリジウム線を使用しています。この材料は酸化に強いのですが、元々、酸化物ですので還元雰囲気に弱い欠点があるので注意してください。さらに中真空領域で使用するための工夫として気体のイオン化部の構造があります。熱陰極電離真空計の圧力とイオン電流の関係を左式に示しました。高真空領域では電子がイオン化に寄与する確率が小さいため感度係数の圧力依存性は小さいのです。しかしながら中真空領域になると電子のイオン化に寄与する効率が高くなり感度係数が変化してしまいます。このため電子の軌道長をなるべく短く（フィラメント－グリッド間を小さく）し、グリッド電圧をプラス60Ｖ程度まで小さく設定します。また生成した正イオンを効率良く回収するために電極間距離を小さくし、コレクタ電位をマイナス60Ｖ程度まで大きくしてイオンを引き込む工夫をしています。

このように中真空領域まで計測圧力を広げたシュルツ真空計は種々のプロセスの圧力を計測するために使用されています。例えば薄膜形成に重要なスパッタリングのプロセスです。アルゴンをベースにした気体を放電させて成膜に使用しますが、このときの圧力測定用として活躍しています。

要点BOX

●中真空領域まで計測できるため、スパッタリングによる成膜プロセスの圧力計測用などとして活躍している

シュルツ真空計

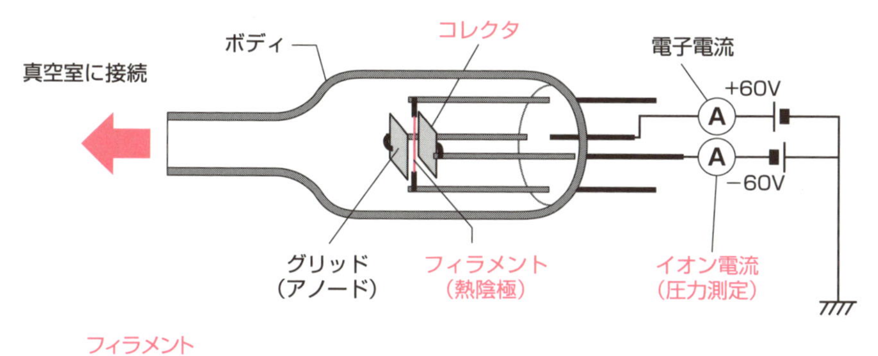

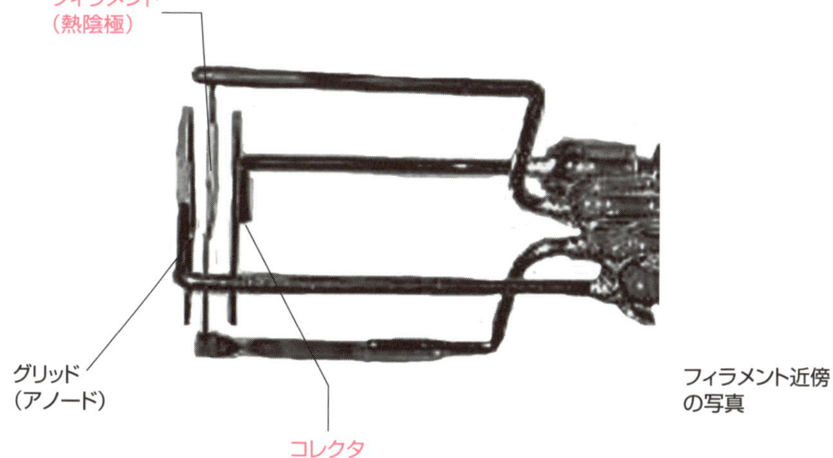

フィラメント近傍
の写真

熱陰極電離真空計の圧力とイオン電流の関係

$$I_i = K \cdot I_e \cdot P$$

I_i　：イオン電流
K　：感度係数
I_e　：電子電流
P　：圧力

55 高真空から超高真空までの圧力を測定することが可能

マグネトロン真空計

熱フィラメント(熱陰極)を使用しない放電を利用して気体を正イオン化し、気体の密度を測定する方法が冷陰極電離真空計です。熱陰極電離真空計と比較して放電電流と圧力の直線性は劣りますが、この冷陰極電離真空計は熱フィラメントを使用していないため、活性な気体雰囲気でも使用することができます。例えば誤って真空計の動作中に大気が流入することがあっても故障することはあまりありません。この冷陰極電離真空計の中でも磁場を併用して電子のスパイラル軌道を作ることで効率良く電子を閉じ込めることができる真空計がマグネトロン真空計です。この閉じ込め効果を工夫することによって高真空から超高真空領域までの圧力を測定することが可能となりました。マグネトロン真空計には大きく分けて「正マグネトロン形」と「逆マグネトロン形」があり、その構造を左図に示しました。

正マグネトロン形は円筒状のアノード電極と、その内部の同心円部に円棒状のカソードを配置しています。さらにカソードとして、正イオンがアノードの円筒の両端開放部から真空計のボディに漏れるのを抑制するために二つの円盤が設置してあります。これは中心円棒カソードと繋がっています。図のように外部磁場を印加することでアノード円筒の内部で電子はスパイラル運動して気体のイオン化に寄与し、最終的にはアノードに流入します。電子の衝突で生じた正イオンはカソードに流入してイオン電流として計測されます。一方、逆マグネトロン形は円筒部がカソードで同心円の中心部の円棒状部分がアノードになっています。磁場を構成する磁気回路はマグネトロン真空計の性能に直結する重要な部分で、種々の工夫が組み込まれています。逆マグネトロン形の方が圧力の影響を受けにくい安定した放電が実現できました。また、最近の製品では真空計の外部への漏洩磁場低減対策も配慮されています。

要点BOX

●熱フィラメント(熱陰極)を使用しない放電を利用して気体を正イオン化し、気体の密度を測定する方法が冷陰極電離真空計である

正マグネトロン形

S
アノード
（電子を引き込む）
ボディ
真空室に接続
~+6kV
mA
N
カソード
（イオンを引き込む）
磁石
イオン電流
（圧力測定）

逆マグネトロン形

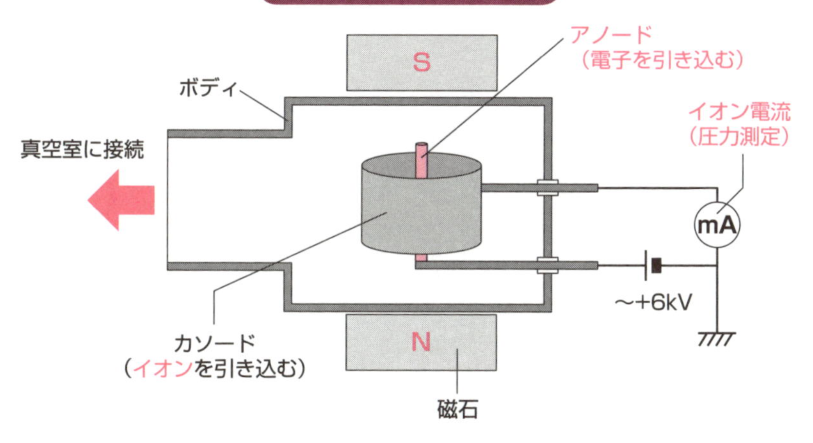

マグネトロン真空計

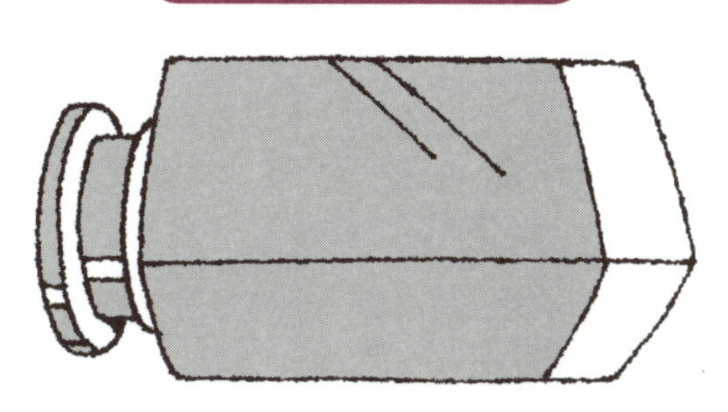

56 二次標準真空計として使用されている

スピニングロータ真空計

日本における真空の圧力標準は国立研究開発法人産業技術総合研究所計量標準総合センターの圧力真空標準研究グループが管理しています。各真空機器メーカは、このグループから二次標準真空計を受け取り真空標準として使用しています。この二次標準真空計がスピニングロータ真空計です。

真空中で運動する物体は残留気体の摩擦の影響を受けます。スピニングロータ真空計は、磁気浮上させた鋼鉄製のロータ球を回転させ、その回転速度が気体との摩擦で減衰する減衰率から圧力を測定する粘性真空計です。圧力測定は回転速度の減衰率を測るために時間がかかります。このため圧力値が、必要なタイミングで求められるプロセス用途では使用できません。一方、スピニングロータ真空計は測定動作領域が中真空から高真空の大変に重要な領域であること、再現性に優れ経時変化が少ないこと、移動が容易であることなどから二次標準真空計として活用されています。

スピニングロータ真空計の構造を左図に示しました。ロータは浮上していて壁に触れていません。駆動コイルにより回転を加えられ、約410Hzまで加速します。その後、加速を停止し自由回転させた状態で、所定の時間間隔で回転数を測定して回転の減衰率を求め、この値を圧力に換算します。約10Hz程度まで測定に使用します。減衰率と圧力との関係を左図に示しました。3×10^{-3}から2Paまでの圧力範囲で良好な直線関係が得られています。実際に真空計として使用する場合は直線領域から少し外れた領域でも値の補正をおこない、使用範囲を広げています。

スピニングロータ真空計は環境温度や振動の影響を受けやすい欠点があります。動作環境を管理し、不用意な停止によるロータへのダメージなどを防止すると再現性の優れた真空計であることに間違いはありません。

要点BOX

●磁気浮上させた鋼鉄製のロータ球を回転させ、その回転速度が気体との摩擦で減衰する減衰率から圧力を測定する粘性真空計である

スピニングロータ真空計

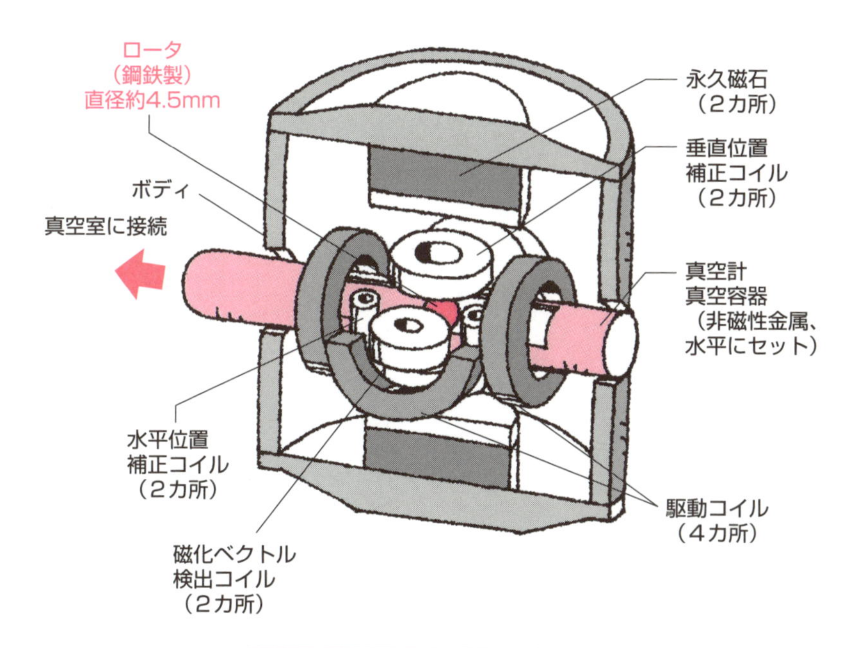

スピニングロータ真空計の特性

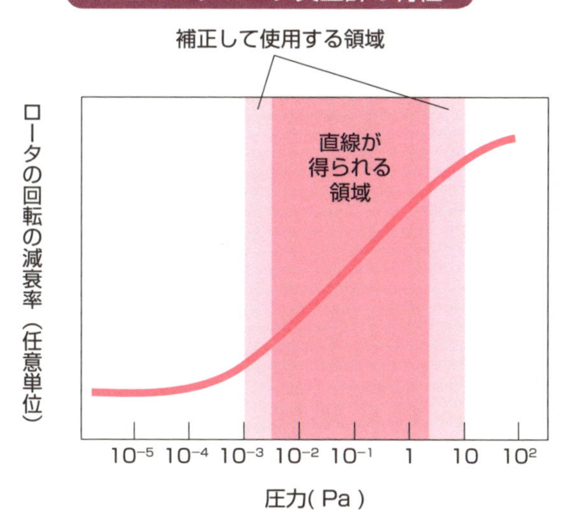

57 真空容器内の気体種類と分圧を知る

質量分析計、分圧真空計

真空を作ったり真空下で各種のプロセスをおこなったりする場合、真空容器の中に存在している気体分子の種類と分圧を知ることは大変に重要です。これを知るための手段として分圧真空計があります。現実に分圧真空計として活躍しているのは四極子形質量分析計です。

分析計内は高真空排気されている状態で動作します。まず分析気体は矢印の方向からイオン化室に入射します。次に電気的に中性の気体分子はイオン化室内でフィラメントからの熱電子と衝突し、正にイオン化されます。このイオンは四極子の方向に加速され四極子内へ導かれていきます。四極子は図示したように高周波電界が印加され、イオンはこの高周波電界によって上下左右に揺すられます。印加する高周波電界によって目的の質量を持ったイオンのみ四極子を通過することができ、その他の質量を持った分子は四極子の隙間から外部に放出されたり、四極子に衝突したりすることで通過は許されません。すなわち四極子の部分で目的の質量を持ったイオンのみ通過するように振るい分けられるのです。ここを通過したイオンがイオンデフレクタ面に入射すると、この面から二次電子が放出され、この電子を二次電子増倍管で増幅して信号を取り出します。

質量分析計には四極子形のみならず磁界偏向形も知られています。磁界偏向形は比較的大型で、分子量の大きな分子まで高分解能で選別できるメリットがあるため材料分析用途で多く使用されています。一方、四極子形は分子量の大きな分子の選別は苦手ですが小型ユニット化が容易であるため分圧真空計として採用されています。四極子形質量分析計は、もちろん単独で分圧真空計として使用されますが、ヘリウムリークディテクタの内部にもヘリウムイオンを選別するために四極子形質量分析計が組み込まれています。

要点BOX

- ●真空容器内の気体分子の種類と分圧を知るには分圧真空計を使用する
- ●四極子形質量分析計は小型ユニット化が可能

四極子形質量分析計

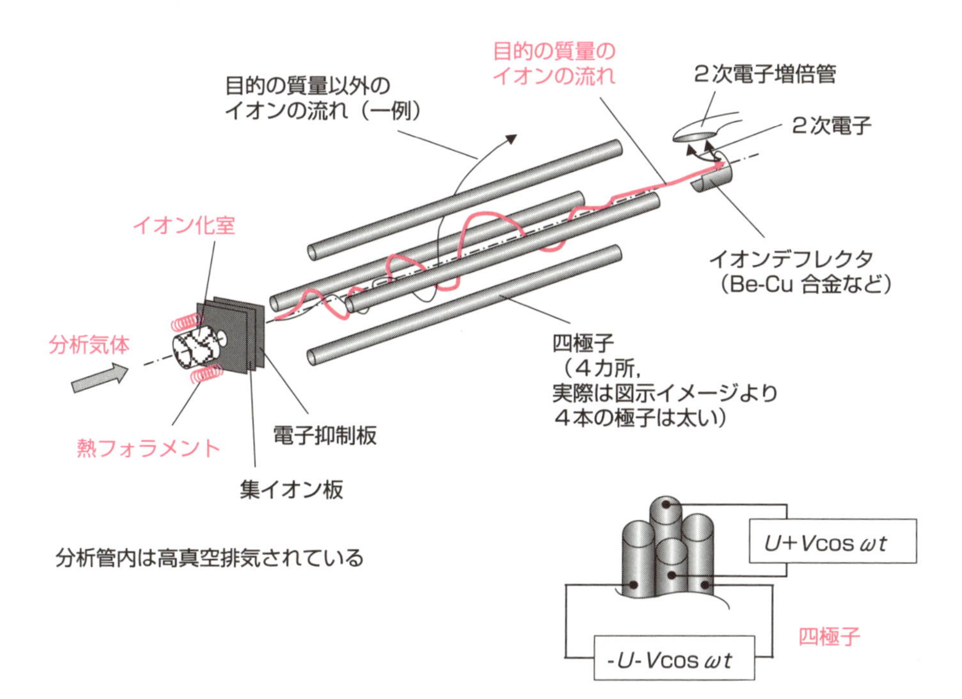

磁界偏向形質量分析計

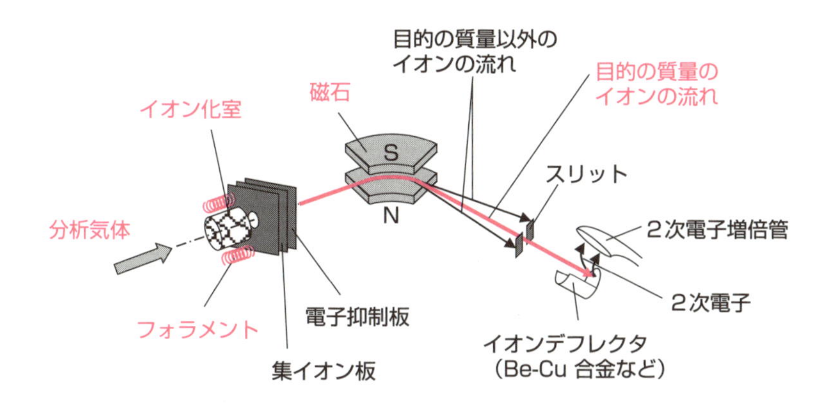

58 気体の流量ってなに

広まりつつある国際標準

真空中でプロセスを構築する上で重要なのが気体の流れの概念です。真空分野で使用する「気体の量G」「気体の流量Q」および「気体の流速R」の定義を左図に示しました。気体の量Gは、圧力pと体積Vの積となります。理想気体の状態方程式(5項参照)からわかるように、気体の量Gは気体の物質量(モル数)に絶対温度を掛けた値に比例しています。気体の物質量に単純に比例した値ではありませんので注意してください。

気体の流量Qの定義は「単位時間当たりに移動した気体の量R」です。ここで気体の圧力pと体積Vの積はエネルギーの次元を持っています(5項参照)。このため、気体の流量Qは仕事率Wの次元を持っていることになります。ここで気体の流量Qは速度を表す物理量ですが、真空技術の分野では慣習として気体の流速Rは気体の流量Qを配管の断面積Sで規格化した物理量を別途に定義して使用しています。

一般的に高圧ガスの分野で使用されている気体の流量の単位はslmおよびsccmです。この意味は「時間(分)当たりの標準状態換算の圧力と体積の積」です。圧力の単位は気圧(atm)を採用しています。ここで現在、一般的に使用されている標準状態の定義を左図に示しました。通常の機器は(1)の定義を基に校正されているものが多数ですが、(3)の定義を基に校正されている機器があるので注意してください。(3)の定義は標準環境状態と呼ばれていてIUPACの国際標準です。今、(3)の定義が広まりつつあります。この動向から誤解を避けるために高等学校の教科書でも「標準状態」の用語の使用を避け、温度と圧力を明記する方向の配慮を推奨しています。

slmとSI単位との換算式を左図に示しました。この換算値を使用すると高圧ガスで使用しているslmおよびsccmを真空分野で使用しているSI単位系に換算することが可能です。

要点BOX

- ●気体の量Gは、圧力pと体積Vの積である
- ●気体の流量Qは単位時間当たりに移動した気体の量Gである

気体の流量

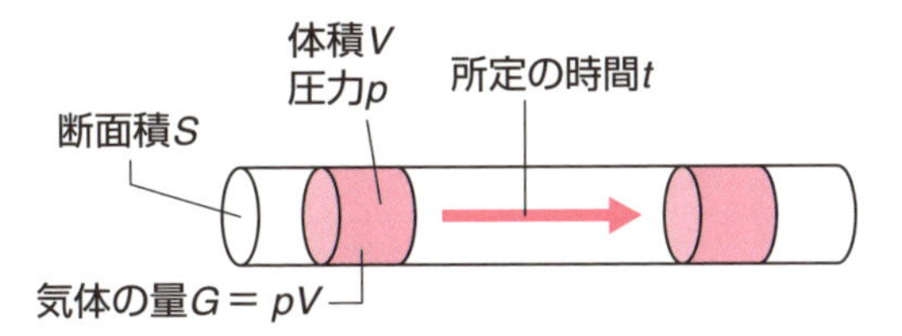

気体の量 G　$G=pV$　SI単位：$Pa\cdot m^3$

気体の流量 Q（仕事率Wの次元を持っている）

$$Q=\frac{pV}{t}$$ SI単位：$Pa\cdot m^3\cdot s^{-1} = J\cdot s^{-1} = W$

気体の流速（線流速）R

$$R=\frac{pV}{tS}$$ SI単位：$Pa\cdot m\cdot s^{-1}$

一般的に高圧ガスで使用されている気体の流量の単位
slm：Standard Liters per Minute　atm·L/min
sccm：Standard Cubic Centimeters per Minute　atm·cc/min

注意:「標準状態」として,下記の3つの定義が使用されている。
主に(1)で校正されている機器が多いが(3) を採用している機器もあるので注意が必要である。

(1) 0℃、1.013×10^5 Pa(＝1atm)
　このとき気体1molは22.4dm^3(＝22.4L)

(2) 0℃、1.000×10^5 Pa(＝1bar)
　このとき気体1molは22.7dm^3(＝22.7L)

(3) 25℃、1.000×10^5 Pa(＝1bar)IUPAC国際標準
　このとき気体1molは24.8dm^3(＝24.8L)

slmと$Pa\cdot m^3\cdot s^{-1}$との換算値

$$1slm = 1atmL/min = \frac{1.013\times10^5Pa\times10^{-3}m^3}{60s} = 1.688\ Pa\cdot m^3/s = 1.688W$$

59 簡易的に流量を測定する

浮き子式流量計

簡便に気体の流量を測定する方法に浮き子式流量計があります。この構造と使用方法を左図に示しました。テーパ管内部の気体流路は下側（上流側）が微妙に細く、上側（下流側）が微妙に太くなっています。浮き子は下側から吹き上がった気体によって上昇し、流量に応じた所定の位置で浮いた状態で停止します。浮き子球の中心位置の目盛りが流量です。

浮き子式流量計はニードルバルブを併用することで簡易的に流量設定をおこなうことが可能です。通常は気体を大気圧で使用するため次の構造で使用します。高圧ボンベから減圧して大気圧状態へ導くため、テーパ管の下部にニードルバルブ（流量制御を可能としたバルブ）を設置して大気圧で校正されたテーパ管を使用します。テーパ管の下流（上部）は大気圧です。この方式はテーパ管の下にニードルバルブがあるため下部ニードル式と呼んでいます。簡便に大気圧で気体を使用するときに流量設定することが可能ですが、真空へ気体を導入する場合には使用することができません。テーパ管部分が校正されている大気圧より減圧されてしまうためです。

テーパ管の下流の圧力が大気圧ではない場合、上部ニードル式を採用します。ガス配管からの圧力を減圧弁によって大気圧＋1気圧まで減圧してテーパ管へ導入します。テーパ管は大気圧＋1気圧で校正された管を使用します。このため下部ニードル式のテーパ管を流用することはできません。テーパ管の下流（上部）にニードルバルブが設置してあり、ここで流量調整をおこないます。ニードルバルブの下流はテーパ管より低い圧力であれば加圧圧力から真空雰囲気まで任意に使用することが可能です。

浮き子式流量計は簡易的に流量を計測することが可能ですが精度は良くありません。高精度で流量計測をおこない流量制御するためには次の59項で解説する質量流量計が必要となります。

要点BOX
- ●テーパ管を利用した浮き子式流量計
- ●真空へ流量制御した気体を導入する場合は上部ニードル浮き子式流量計を使用する

浮き子式流量計

下部ニードル浮き子式流量計

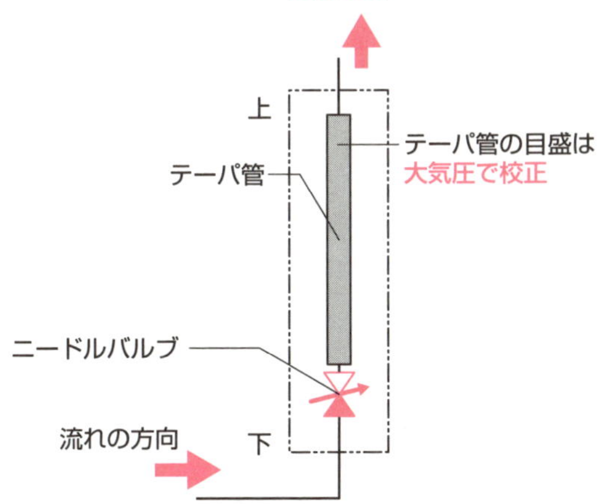

浮き子式流量計の構造

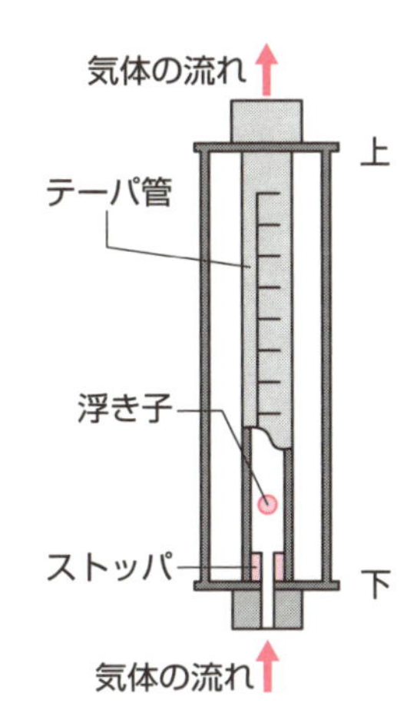

上部ニードル浮き子式流量計

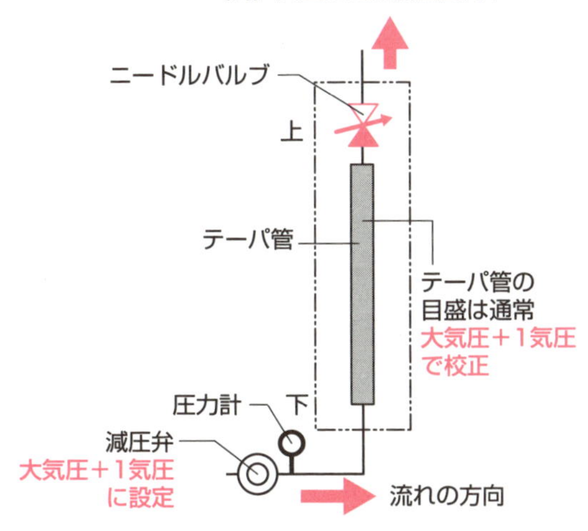

浮き子式流量計
（下部ニードル式）

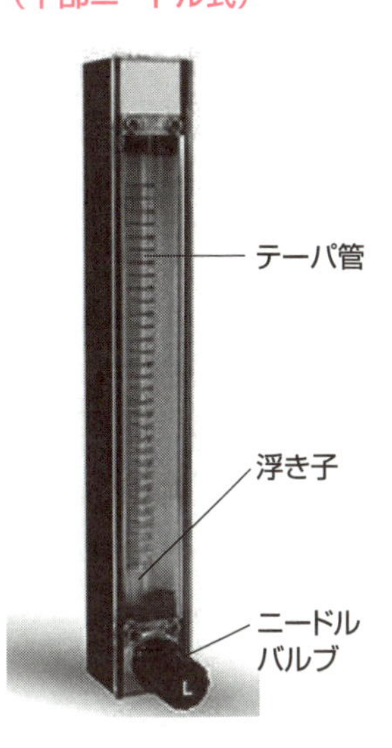

60 自動的に流量制御を行う質量流量制御器

質量流量計

気体の流量を高精度で測定する流量計として質量流量計があります。さらに、流量計の信号を利用して自動的にバルブの開閉を調整することで自動流量制御を可能とした質量流量制御器(マスフローコントローラ)があります。これらの機器は真空中のプロセスを実現するために大変に役に立つ機器です。すなわち、真空室に必要なプロセスガスを目的の流量で精密に導入することが可能で必要不可欠なものです。

質量流量計および質量流量制御器の構造とメカニズムを左図に示しました。質量流量計は気体による熱伝達を利用して流量を測定します。その構造は主にバイパス管とセンサ部に分かれています。バイパス管は精密に内径を管理した細管を束ねた構造をしていて、バイパス管とセンサ部は精密に流量を分配するように工夫されています。センサ部は二つの発熱抵抗体から構成されています。発熱抵抗体は電流を流すと発熱するとともに、温度によって抵抗体の抵抗値が変化します。この抵抗値をブリッジ回路で計測して抵抗体の温度を精密に測定することができます。気体が流れていないときにはセンサAとセンサB部の温度T_AおよびT_Bは等しくなっています。気体が流れると上流のセンサAの温度T_Aの方が下流のセンサBの温度T_Bより低い温度になります。この温度差は流量に換算することが可能です。正確にはここで求まるのは質量流量(時間当たりの移動質量)で、流量に換算して表示されています。また、気体の種類によって熱容量が異なるため、この流量表示は使用する気体の種類でそれぞれ校正されています。

この質量流量計の信号をもとに、自動開閉バルブの制御を組み込み流量制御を可能としたものが質量流量制御器(マスフローコントローラ)です。流量制御はニードルバルブの開閉位置を制御するためにソレノイドコイルを使用したものやピエゾアクチュエータを使用したものが作られています。

要点BOX

●発熱抵抗体を使用した二つのセンサ間の温度差から流量を計測するのが質量流量計である

質量流量計：質量流量制御器

（マスフローコントローラ）

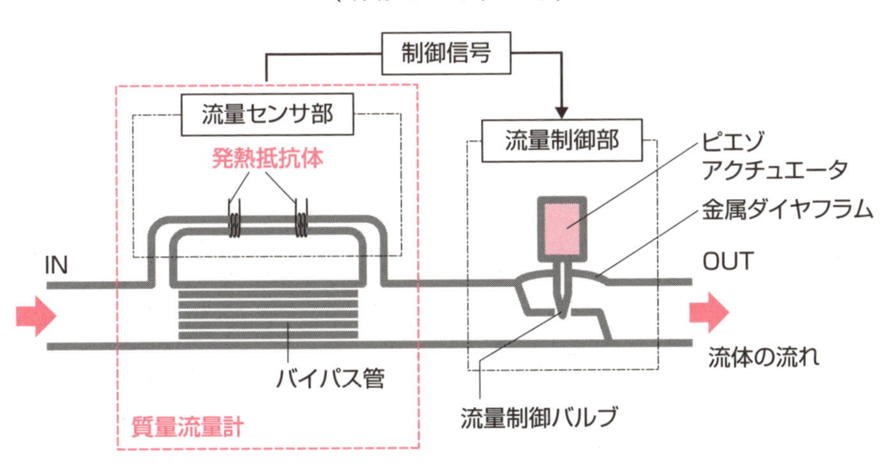

質量流量計および質量流量制御器の構造

質量流量計のメカニズム

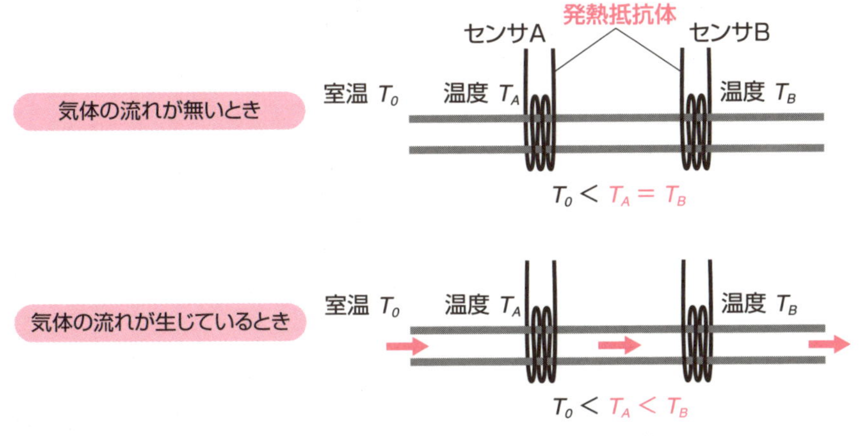

発熱抵抗体：電流を流すと発熱するとともに、温度によって抵抗体の抵抗値が変化する

Column

有効数字と再現性

真空技術は大気圧から超高真空領域まで約15桁を取り扱う技術です。さらに、半導体集積回路素子の製造時に使用する枚葉製造装置では、真空領域は大気圧から10桁程度をウェハ毎に秒以下の時間で管理しています。これは非常に大変な技術なのです。

ここで真空下の圧力計測技術は低中真空領域では静電容量型隔膜真空計により比較的精度および再現性良く計測ができるようになりました。しかしながら、高真空以下の圧力領域を満足できる精度で計測できる真空計はありません。

特にドライエッチング工程や化学気相成長(CVD)工程などでは、真空下でさえも内壁との反応性が強いハロゲンガス、アンモニアガスなどを原料として使用します。さらに飽和蒸気圧が低く真空下でも結露や凝華(固体として析出すること)しやすい反応生成物を取り扱う必要が生じます。このような系では使用することができない計測機器も多く、絶望的な状況となってしまいます。

一方、製造する目的の機能素子は構造が複雑となり益々精密な制御が求められています。製造目的の素子によって再現性に必要な有効数字は異なりますが、一般的に有効数字3桁を確保した再現性が求められます。現状の技術の範囲で、このようなことが実現できるのでしょうか。

製造現場では種々の工夫を組み込んで必要な再現性を確保しています。例えば実際の素子ウェハを処理する直前にダミーウェハを一枚、必要に応じて二枚、同じロット内に挿入して処理します。真空業界では「雰囲気作り」と呼んでいる工程で実際の素子ウェハを処理する前に、真空内壁への活性ガスの吸着量を一定化させて再現性を確保するテクニックです。その他、処理後の非破壊検査結果をフィードバックさせて長期的な安定稼働を実現しているのです。

第7章
これからの真空技術

61 真空の特性「蒸発しやすい」を活用する

飽和蒸気圧と蒸発速度

2項で真空の特徴として「蒸発しやすい」ことを説明し、応用例として真空蒸着や真空凍結乾燥を上げました。

また、昨今では金属の蒸着だけでなく有機発光材料の蒸着や各種の化学気相成長原料（常温常圧で液体や固体）の蒸発制御が注目されています。本項では真空プロセスで有用な材料の蒸発を掘り下げて考えてみます。左図に種々の条件下での蒸発速度V_Vの考え方をまとめて示しました。

材料の蒸発速度V_Vはその材料の飽和蒸気圧p_Sと深く関係しています。まず、全圧pが所定の材料の飽和蒸気圧p_S以上であるときを考えます。24項で圧力pと気体分子の入射頻度Γを説明しました。実はこの入射頻度Γは気体分子の単位表面積当たりの入射速度です。飽和蒸気圧p_Sの状態は、材料の入射頻度Γと蒸発速度が同じで平衡状態にあることを意味しています。すなわち材料の蒸発速度はこのとき最大であり最大蒸発速度V_{Vmax}となります。実際の蒸発速度V_Vは最大蒸発速度V_{Vmax}で蒸発しても同じ速度で入射してきますので実質ゼロです。一方、材料の分圧p_pが飽和蒸気圧p_Sより小さいとき、この差に比例して実際の蒸発速度V_Vは大きくなります。この比例係数は材料の分子量と絶対温度の関数です。この式は大変に有用で、材料の実際の蒸発速度V_Vは飽和蒸気圧p_Sと分圧p_pから算出することが可能です。

さらに全圧pが所定の材料の飽和蒸気圧p_Sより低い場合、材料は沸騰して急速に蒸発します。このときの蒸発速度V_Vは蒸発熱の供給に依存します。

一般的に蒸発に伴う蒸発熱分の吸熱による蒸発面の温度低下、そしてここへの熱供給に必要な液体・固体中の熱伝導はそれほど大きくないので注意してください。なお蒸発速度の最大値を決める飽和蒸気圧p_S値は、左式のクラウジウス－クラペイロンの式から算出することが可能です。

要点BOX

●材料の実際の蒸発速度V_Vは飽和蒸気圧 p_S と分圧p_pから算出することが可能である

飽和蒸気圧と蒸発速度

1．全圧pが所定の材料の飽和蒸気圧p_Sより高く
分圧p_pが飽和蒸気圧のときの入射頻度Γと蒸発速度V_Vの関係

$$V_{Vmax} = \Gamma = \frac{p_S}{\sqrt{2\pi mkT}} = \frac{2.635\times10^{24}p_S}{\sqrt{MT}}$$

最大蒸発速度V_{Vmax}は飽和蒸気圧から決まる！

V_{Vmax}：最大蒸発速度（個$m^{-2}s^{-1}$）
V_V：材料の蒸発速度（個$m^{-2}s^{-1}$）
Γ：入射頻度（個$m^{-2}s^{-1}$）
p_S：材料の飽和蒸気圧（Pa）
p_p：材料の分圧（Pa）
m：材料の分子質量（kg）
M：材料の分子量
k：ボルツマン定数 1.38065×10^{-23}J/K
T：絶対温度（K）

入射頻度Γ ＝ 最大蒸発速度V_{Vmax}

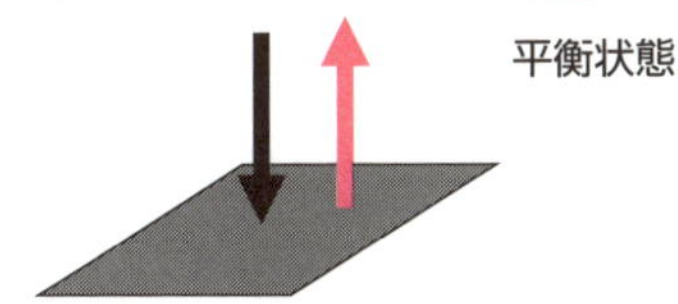

であるから、蒸気圧は飽和する
このときの蒸発速度は最大V_{Vmax}である

$$V_V = V_{Vmax} - \Gamma = 0$$

材料の分圧p_pが飽和蒸気圧p_Sのとき、
材料の蒸発速度V_Vはゼロ

2．全圧pが所定の材料の飽和蒸気圧p_Sより高く分圧p_pが飽和蒸気圧より低いときの入射頻度Γと蒸発速度V_Vの関係

$$V_V = V_{Vmax} - \Gamma$$
$$= V_{Vmax} - \frac{p_p}{\sqrt{2\pi mkT}} = \frac{2.635\times10^{24}(p_S-p_p)}{\sqrt{MT}}$$

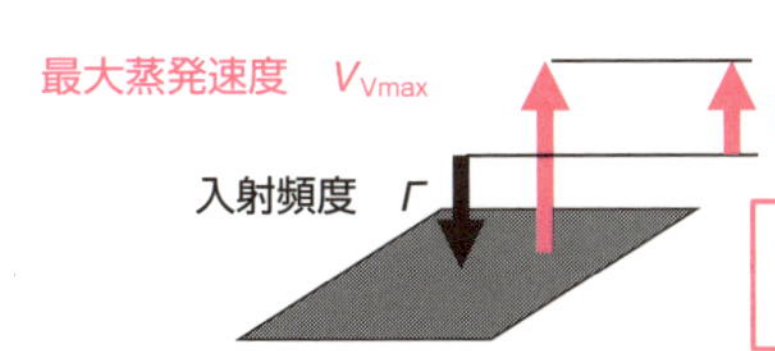

材料の分圧p_pが飽和蒸気圧p_Sよりどれくらい低いかに材料の蒸発速度V_Vは比例する

3．全圧pが所定の材料の飽和蒸気圧p_Sより低い場合

材料は沸騰し、蒸発熱の供給速度で蒸発速度V_Vは決まる

【補足説明】材料の飽和蒸気圧p_pの温度依存性

$$\ln(p_p) = -\frac{\Delta H_{v,m}}{RT} + C$$

クラウジウス－クラペイロンの式

R：気体定数 8.31446 J/(K・mol)
$\Delta H_{v,m}$：モル蒸発熱（J/mol）
C：定数

62

真空の特長を活かした断熱技術

気体と熱伝導

真空を使用した断熱技術は真空魔法瓶、真空断熱ガラスのみならず宇宙工学（例えば、国際宇宙ステーションからの試料回収）にも利用されている技術です。その技術は古く、一八八一年ドイツのヴァインホルトは二重ガラスビンの間を真空にすることで断熱効果があることを確認し液化ガスの保管に使用しています。その後、一八九二年イギリスのデュアーが二重ガラス表面に銀めっきを付け鏡面加工することで輻射を抑制したデュアー瓶の実用化に成功しました。この技術によって水素やヘリウムの液化ができるようになったのです。

気体と熱伝導および真空下の熱の移動に関する模式図を左図に示しました。容器内を排気し、気体分子が少なくなると気体分子による熱伝導が抑制されると思われますが、そのように単純ではありません。熱伝導に有利に働く平均自由行程が長くなるからです。実は粘性流領域では「圧力が下がっても熱伝導は変化しない」のです。（左図の領域A参照）真空下でも粘性流の比較的高い圧力領域では、小さいですが対流の影響があります。この対流は圧力の低下とともに小さくなります。

一方、左図の領域Bのように中間流領域から分子流領域では分子密度の低下とともに熱伝導は小さくなります。この領域まで圧力を下げて、初めて真空断熱の効果が得られるのです。さらに、分子流領域で左図の領域Cでは輻射の影響が顕著となり圧力低下のメリットがなくなります。壁の表面を鏡面加工することで高温側壁からの熱放射を抑制することができ、さらに低温側では輻射熱を反射して流入を抑制する効果があります。このように真空断熱の効果を得るためには高真空領域まで排気して維持する技術が必要です。もちろん封止に関する技術開発が進むとともに、真空維持のためのゲッタ材料の開発も進んでいます。

要点BOX

●気体による熱伝導は粘性流領域では圧力を下げても変化がなく、中間流以下の圧力領域で急速に小さくなり断熱効果が得られる

気体と熱伝導

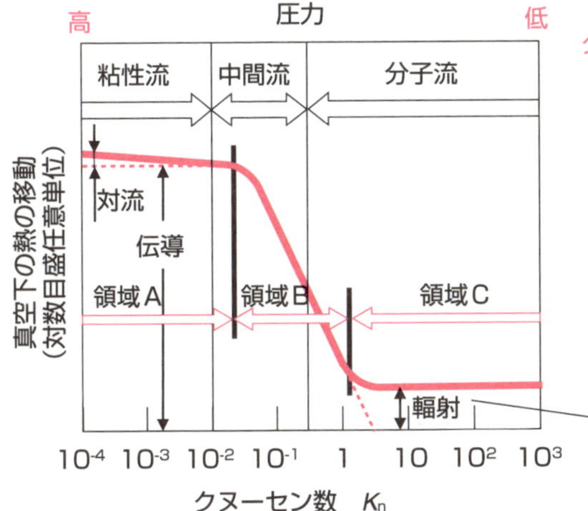

クヌーセン数　K_n
（クヌーセン数の詳細は11項参照）

$$K_n = \frac{\lambda}{D}$$

K_n：クヌーセン数
λ：平均自由行程(m)
D：流れを特徴付ける代表的な長さ(m)
（例えば、配管の直径）

壁の表面を鏡面加工することで輻射を低減できる

真空下の熱の移動模式図

(a)大気圧に近い真空状態

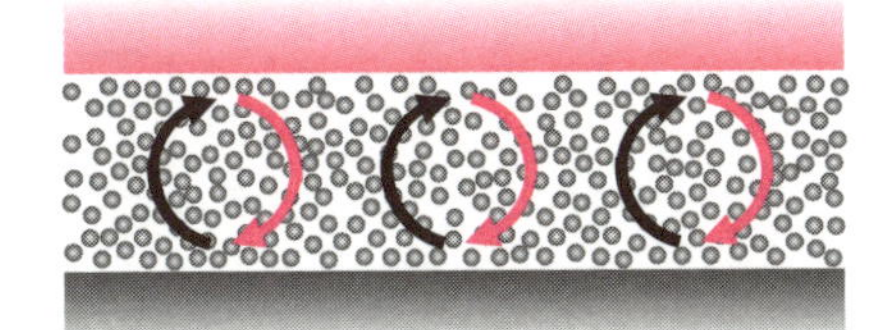

熱の移動は熱伝導が大きい。
多少、対流が含まれる。

(b)圧力は低下したが粘性流状態

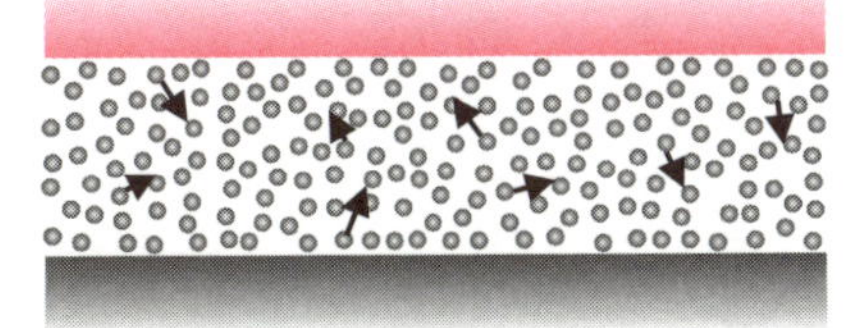

分子数は減少するが、平均自由行程が長くなる。
このため熱伝導は(a) から変化しない。
（熱伝導は圧力に依存しない）
対流の効果は減少する。

(c)さらに圧力は低下して分子流状態

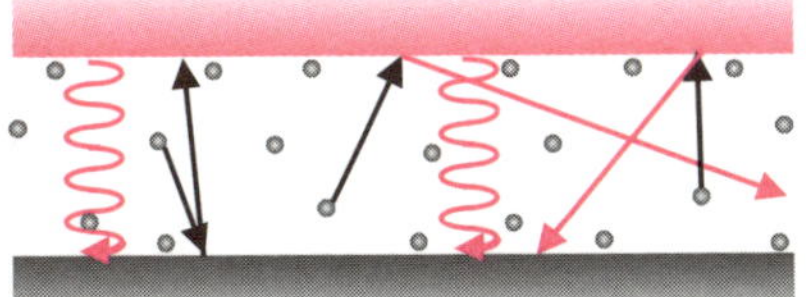

気体分子間の衝突はほぼ無くなり、気体は壁との衝突が支配的となる。
分子数の減少とともに熱伝導は減少する。
輻射の影響が見えてくる。

63 真空で清浄表面の管理と酸化抑制

電子デバイスの作製

電子デバイスの作製には固体の清浄界面の接合が大切です。半導体の接合はもちろん、金属配線の接合部も酸化による高抵抗化や断線が発生します。また表面分析の分野では、分析している間にその表面状態が維持されている必要があります。

清浄表面と酸化に関しては、24項で気体の表面への入射頻度Γを紹介しました。この式から所定の温度下で単位面積当たり、表面へ入射する気体分子の個数がわかります。固体表面としての典型的な例としてシリコンの結晶（100）面を考えた場合、入射頻度Γから「1原子層形成されるまでの時間」を算出することができます。その値を左図に示しました。低真空および中真空状態の主な残留気体は空気で、高真空および超高真空状態では水が問題となりますから空気と水分子に関する両方の値を示してあります。1原子層形成されるまでの時間は大変に短く、10^{-4} Paの圧力下でやっと秒単位になります。

半導体集積回路素子の製造には酸化を抑制し、清浄表面を管理しながら半導体材料の接合や金属配線を作る必要があります。このような製造装置の一例を左図に示しました。クラスタ型と呼ばれている形式で、中央の搬送室を経由して種々の機能室が真空連続でつながっています。素子を製造するための基板であるシリコンウェハは、それが入る程度に小さいロードロック室に入れられ真空排気されます。ここは真空排気の時間を短縮するため極力小さく、場合によっては簡単に加熱脱ガスできる機能を備えています。真空排気されたシリコンウェハは搬送室を経由して表面クリーニング室に投入されます。ここでは大気で生じた表面の酸化膜などを除去します。酸化膜除去後、成膜室に搬送されて所定の膜の成膜がおこなわれます。表面クリーニングから成膜までの間や、成膜と成膜の間では必要な表面状態を維持するための圧力管理がおこなわれています。

要点BOX

- ●気体の入射頻度Γの式から表面に1分子層の気体分子が入射するまでの時間を算出できる

残留気体の表面への入射頻度

	1分子吸着までの時間(秒)（27°C雰囲気）	
圧力(Pa)	空気	水
100000	2.39×10^{-9}	1.89×10^{-9}
10000	2.39×10^{-8}	1.89×10^{-8}
1000	2.39×10^{-7}	1.89×10^{-7}
100	2.39×10^{-6}	1.89×10^{-6}
10	2.39×10^{-5}	1.89×10^{-5}
1	2.39×10^{-4}	1.89×10^{-4}
1.0×10^{-1}	2.39×10^{-3}	1.89×10^{-3}
1.0×10^{-2}	2.39×10^{-2}	1.89×10^{-2}
1.0×10^{-3}	2.39×10^{-1}	1.89×10^{-1}
1.0×10^{-4}	2.39	1.89
1.0×10^{-5}	2.39×10^{1}	1.89×10^{1}
1.0×10^{-6}	2.39×10^{2}	1.89×10^{2}
1.0×10^{-7}	2.39×10^{3}	1.89×10^{3}
1.0×10^{-8}	2.39×10^{4}	1.89×10^{4}
1.0×10^{-9}	2.39×10^{5}	1.89×10^{5}
1.0×10^{-10}	2.39×10^{6}	1.89×10^{6}
1.0×10^{-11}	2.39×10^{7}	1.89×10^{7}

$$\Gamma = \frac{p}{\sqrt{2\pi mkT}} = \frac{2.635 \times 10^{24} p}{\sqrt{MT}}$$

Γ：入射頻度(個$m^{-2}s^{-1}$)
p：気体の圧力(Pa)
m：気体の分子質量(kg)
M：気体の分子量
k：ボルツマン定数 1.38065×10^{-23}J/K
T：絶対温度(K)

清浄表面を管理するためには
この程度の真空が必要となる

注：シリコンの（１００）結晶面のシリコン原子数 6.78×10^{18} 個／m^2を想定して算出

半導体集積回路素子の製造向成膜装置（クラスタ型）の模式図

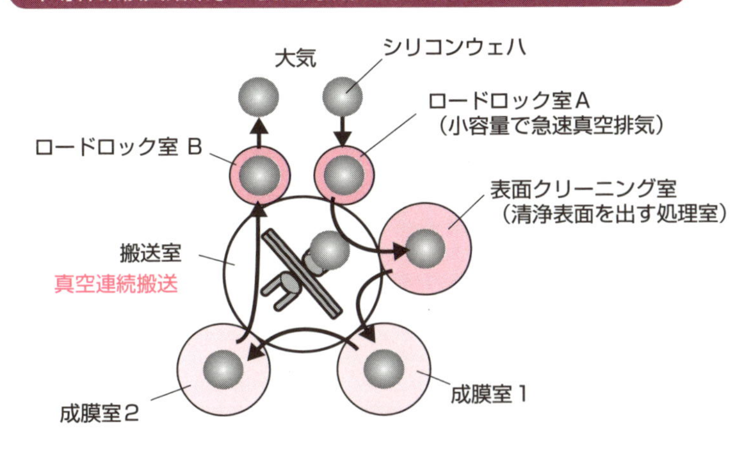

64 真空下での放電とプロセスプラズマ

プラズマのいろいろな利用

気体に電圧を印加すると放電が発生しプラズマ状態となります。このプラズマ中には中性の本来の気体分子に加えて放電で誘起されたイオンと電子が混在しています。身近な放電プラズマは蛍光灯です。また産業上ではスパッタリングなどの成膜プロセスや半導体素子製造の微細エッチングプロセスに真空下で作製した放電プラズマが使用されています。ここでは真空下での放電の特徴について解説します。

左図に気体放電中の電子温度とガス温度の関係を示しました。大気圧下での気体放電は圧力が高く衝突が激しいために電子の運動エネルギーとイオンの運動エネルギーが等しい平衡状態の熱プラズマとなりやすい傾向があります。一方、真空下では気体が希薄になるため放電の電気エネルギーは主に軽くて小さい電子に注入され、イオンの運動エネルギーは比較的低い状態に保たれます。真空下では言わば「まろやか」なプラズマを作ることができるのです。これを身近な例で説明すると、大気圧下ではアーク放電になりやすいのですが、真空下では蛍光灯のようなグロー放電になりやすい傾向があります。この「まろやか」な放電プラズマを利用すると種々の繊細なプロセスを実現することができ、このようなプラズマのことをプロセスプラズマと呼んでいます。

プラズマ中で生じる過程の一部を左図に示しました。放電で加速された電子が中性の気体分子に衝突すると気体分子の電子が弾き出され、イオンとなります。このイオンを利用して固体表面に入射させて固体分子を弾き飛ばし、成膜に利用する工程がスパッタリングです。また反応活性なイオンを作り、微細パターンのマスクが付いている所定の基板表面に入射させてエッチングをおこなう反応性イオンエッチングの技術は半導体集積回路素子の製造に欠かすことができません。励起や解離によって反応活性な分子を作って新しい材料創製にも利用されます。

要点BOX

●真空下ではガス温度の低い「まろやか」な放電プラズマを作ることができ、各種のプロセスに応用されプロセスプラズマと呼ばれている

真空下のプラズマ状態

気体放電中の電子温度とガス温度の関係

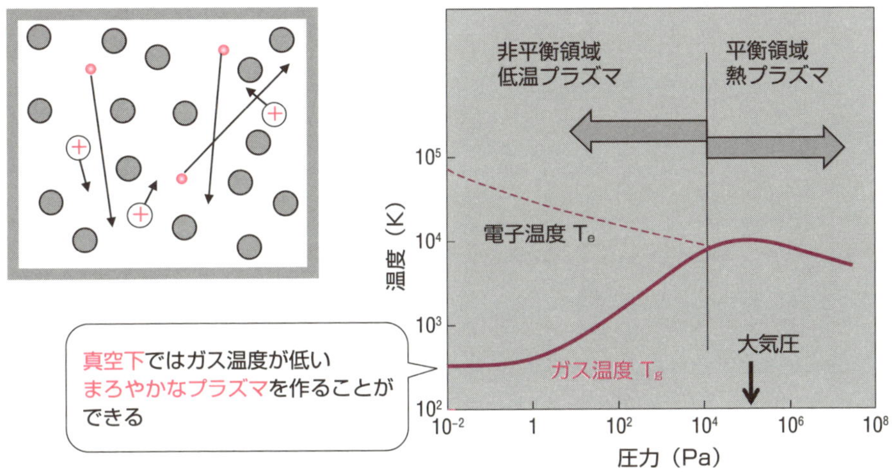

プラズマ中の種々の過程

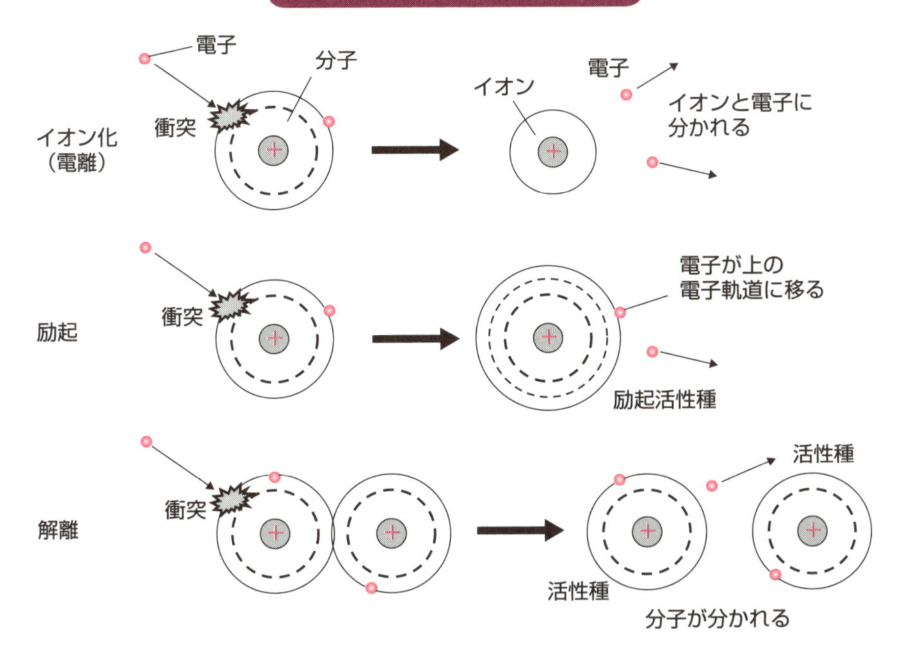

65 真空技術が応用される宇宙開発

宇宙工学に必要不可欠

私たちにとって宇宙は限りなく広く未知の空間であって、ここに科学技術で挑戦するのが宇宙工学です。宇宙工学では実際の宇宙空間を再現した環境下での実験が必要になります。これがスペースチャンバーで、大小さまざまな大きさの真空容器が開発され、実験室となっています。

また真空技術で育った先駆的な技術が宇宙開発に応用されています。例えば摺動部の潤滑技術です。実際にものを作って使用するときに真空下で特に困る現象があります。大気圧下では摺動部において大気の層が潤滑剤の役割をはたし、はめ合い公差に配慮すれば円滑に擦れることができます。真空下ではこの層がありませんので摩擦がすごく大きくなります。さらに酸化層などが蒸発してしまった場合、二つの物体が癒着してしまうことさえ生じます。

大気圧下で潤滑剤というと「潤滑油」が思い浮かびますが、真空下では通常の油は蒸発してしまい役に立ちません。真空の特徴の一つである「蒸発し易いこと」が裏目にでてしまいます。このため真空工学では飽和蒸気圧を低くした特殊な液体潤滑剤を使用します。この例を左図に示し、合わせて物性も表記しました。流動点も低く、室温付近では飽和蒸気圧も低く抑えられています。粘度もそれほど大きくはありません。ただし、100℃付近では飽和蒸気圧は比較的高くなってしまいます。この点が問題になる場合は固体潤滑剤を使用します。例えば二硫化モリブデンの焼結膜を摺動部の部品表面に付着させ、潤滑剤として使用します。

さらに最近、真空の宇宙工学への貢献として話題になったのが国際宇宙ステーションからの試料回収です。大気突入の際に発生する高熱を遮断して、無傷の状態で地上まで運ぶ断熱技術です。ここでは魔法瓶の真空断熱の技術が応用されました。このように先駆的な真空技術が宇宙開発に役立っています。

要点BOX

●宇宙工学では実際の宇宙空間を再現したスペースチャンバーとして大小さまざまな大きさの真空容器が開発され実験室となっている

宇宙工学実験用のスペースチャンバー（超高真空容器）

宇宙工学で使用されている液体潤滑剤の一例

潤滑剤	炭化水素系油 Multiply Alkylated Cyclopentane	フッ素系油 Perfluoropolyether
略称	MAC	PFPE
分子式	$C_{65}H_{130}$	$CF_3[(CF_2CF_2O)_x(CF_2O)_y]CF_3O$ x/y = 0.6 to 0.7
平均分子量	910	9500
蒸気圧	1.33×10^{-10} Pa（20℃） 5.3×10^{-5} Pa（125℃）	3.9×10^{-10} Pa（20℃） 1.3×10^{-6} Pa（100℃）
流動点	−58.3℃	−66℃
粘度（20℃）	0.27 Pa・s	0.54 Pa・s

固体潤滑剤の一例

名　称	略称	適用法
二硫化モリブデン	MoS_2	スパッタリング膜 焼結膜 複合材
ダイヤモンドライクカーボン	DLC	CVD膜 イオンプレーティング
フッ素水素系樹脂	PTFE	焼結膜 複合材
ポリイミド	PI	複合材

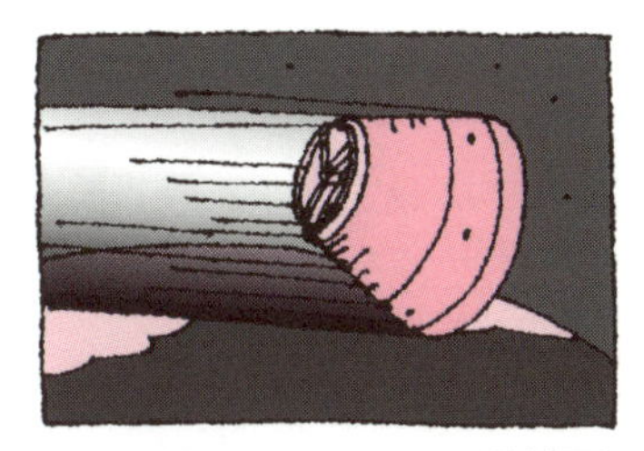

国際宇宙ステーションからの試料回収（真空断熱）

66 真空技術を利用した最先端研究とは

高エネルギー物理学研究

最も最先端の真空技術を利用したシステムは高エネルギー物理学の研究システムです。その一例としてつくば市にある高エネルギー加速器研究機構（KEK）のSuperKEKBシステムを紹介します。

日本のノーベル物理学賞の受賞成果を出したKEKBシステムはさらなる探求のため改造され、SuperKEKBとして次の実験段階に入りました。左図にSuperKEKB 加速器の概略を示しました。

直径約1㎞、周長約3㎞のビーム管（真空容器）からなる電子と陽電子の二つのリングが設置されています。電子と陽電子はそれぞれ異なったビーム管内で反対方向に回転・加速され衝突点で衝突させて生成物を観察する実験をおこなっています。

電子および陽電子はリングを毎秒十万周もの長距離を走る必要があり、ビーム管内は10^{-7}から10^{-8} Paに真空排気して残留気体との衝突を抑制しています。平均圧力が10^{-7} Pa台では真空で決まるビーム寿命は約10時間以上です。さらに電子ビームを曲げるときに接線方向に発生する放射光による壁表面への照射によって、ビーム管内壁から吸着や溶存気体が放出され、圧力の低下を生じてしまいます。

SuperKEKBへの改造で、陽電子のビームラインが交換・新設されました。この改造でビームラインへ新しい工夫が組み込まれています。陽電子のビームラインのビーム管断面模式図を左図に示しました。

管の材質はアルミニウム合金で内壁を窒化チタン（TiN）膜でコーティングしています。断面は円盤宇宙船構造をしていて、先に説明した放射光などによる管の内壁ダメージを低減するため壁をビーム中心から遠ざけています。また、非蒸発ゲッタ（NEG）材を組み込んで排気性能を持たせるように工夫しています。

要点BOX

●高エネルギー物理学の研究の現場では真空工学の新しい検証が続けられている

SuperKEKB プロジェクトの真空ライン

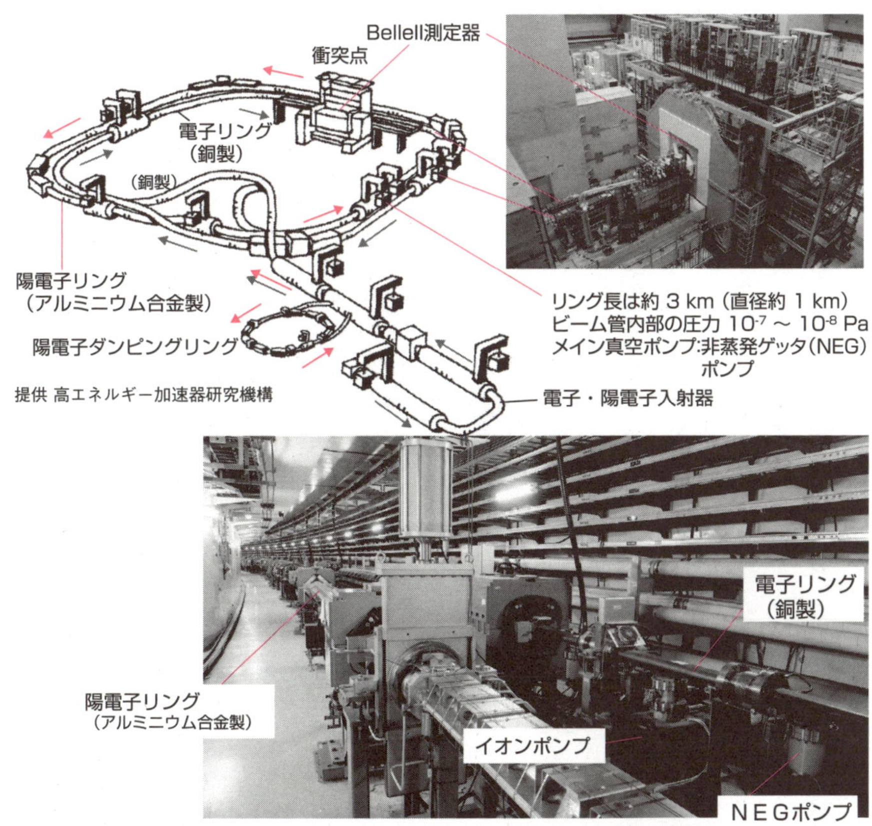

提供 高エネルギー加速器研究機構

大学共同利用機関法人 高エネルギー加速器研究機構の許可を得て掲載（写真は著者が撮影）

陽電子のビームパイプ（SuperKEKB で交換・新設）の模式図

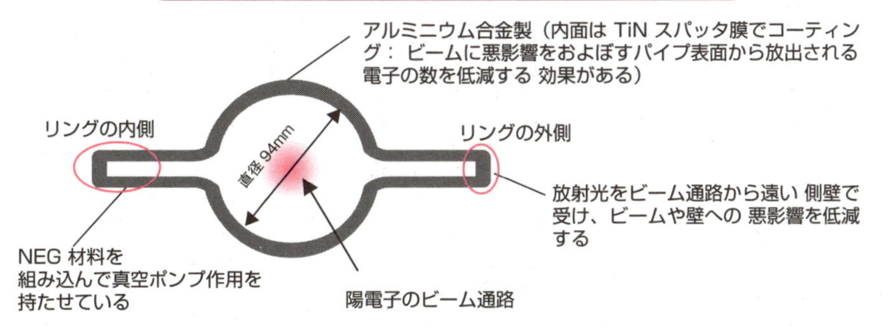

Column

重力波望遠鏡と真空技術

２０１７年のノーベル物理学賞は米国の重力波望遠鏡（ＬＩＧＯ検出器）のグループでした。アインシュタインが予測した「重力波」を初めて観測した功績が受賞理由です。このＬＩＧＯ検出器の主たる部分は真空チューブ内に納められています。計測をおこなうレーザ光が空気の揺らぎの影響を受けないようにするために真空が必要でした。

日本でもノーベル物理学賞で有名になった飛騨市神岡町に重力波望遠鏡（ＫＡＧＲＡ）を建設しています。日本真空学会（現日本表面真空学会）と日本真空工業会の企画で稼働調整直前のＫＡＧＲＡを見学することができました。ＫＡＧＲＡは米国のＬＩＧＯと異なり、さらなる振動低減対策として山の中腹にトンネルを掘り、システム全体がトンネルの中に設置されています。直径約1m×長さ3kmの真空チューブが二本、端部で90度にクロスさせた構造となっています。内部は10^{-7}Pa台以下の超高真空が必要で、真空ポンプとして約百台のスパッタイオンポンプが搭載されました。

設置場所は湿度１００％の漏水のあるトンネル内で、壁に吸着し易い水蒸気を嫌う真空システムにとっては過酷な環境です。さらにトンネル内ではヒータ加熱によるベーキングができません。廃熱が難しいからです。このためＫＡＧＲＡ建設のために新しくステンレス管の内面処理技術を開発・評価し、ベーキングをおこなわなくとも超高真空排気が可能になりました。このように開発された「新しい真空技術」は半導体集積回路素子の製造装置などへ応用展開されていくでしょう。

この真空ラインの中を近赤外のレーザ光が走ります。

また、この光を反射する全反射鏡やハーフ鏡として精密な鏡が必要となります。これらの鏡は真空蒸着などで精密に作られました。

さらに迷光を防止する黒化処理も重要です。超高真空中で使用可能な低ガス放出の黒化処理が求められました。ここも今回、新しく開発された技術の一つです。

このように真空技術は数々の最先端の科学技術の発展を支えるとともに、一緒にすばらしい進化を遂げ続けています。このような機会を得て開発された真空技術は益々、種々の産業に応用されていくことでしょう。

【参考文献】

(1) 真空技術基礎講習会運営委員会編 : わかりやすい真空技術 第 3 版 , 日刊工業新聞社 .
(2) 日本真空学会編 : 真空科学ハンドブック , コロナ社 .
(3) 株式会社アルバック編 : 新版 真空ハンドブック , オーム社 .
(4) 林義孝 : 真空技術入門 , 日刊工業新聞社 .
(5) 中山勝矢 : 新版 真空技術実務読本 , オーム社 .
(6) 日本工業規格 JIS Z 8126-1:1999 真空技術 - 用語 - 第 1 部 : 一般用語 .
(7) 日本工業規格 JIS Z 8126-2:1999 真空技術 - 用語 - 第 2 部 : 真空ポンプ及び関連用語 .
(8) 日本工業規格 JIS Z 8126-3:1999 真空技術 - 用語 - 第 3 部 : 真空計及び関連用語 .
(9) 日本工業規格 JIS H 0211:1992 ドライプロセス表面処理用語 .
(10) 松田七美男 : 気体分子運動論の基礎 , *J. Vac. Soc. Jpn.* **56** (2013) 199.
(11) 福谷克之 : 真空と表面 , *J. Vac. Soc. Jpn.* **56** (2013) 204.
(12) 湯山純平 , 末次祐介 : 排気と真空ポンプ , *J. Vac. Soc. Jpn.* **56** (2013) 210.
(13) 秋道斉 : 種々の真空計とそれぞれの計測原理 , *J. Vac. Soc. Jpn.* **56** (2013) 220.
(14) 土佐正弘 : 真空用材料 , *J. Vac. Soc. Jpn.* **57** (2014) 295.
(15) 稲吉さかえ : 気体放出 , *J. Vac. Soc. Jpn.* **57** (2014) 299.
(16) 鈴木基史 : 成膜の基礎 , *J. Vac. Soc. Jpn.* **57** (2014) 303.
(17) 中野武雄 : プラズマの基礎 , *J. Vac. Soc. Jpn.* **57** (2014) 308.
(18) 板倉明子 : 真空部品と可動機構 , *J. Vac. Soc. Jpn.* **58** (2015) 282.
(19) 高橋主人 : 真空システム , *J. Vac. Soc. Jpn.* **58** (2015) 292.
(20) 岡本幸雄 : プロセスプラズマの基礎 , *J. Vac. Soc. Jpn.* **59** (2016) 161.
(21) 関口敦 : 化学気相成長法の基礎 , *J. Vac. Soc. Jpn.* **59** (2016) 171.
(22) 宮原昭 : 真空技術の先駆者としてのグエリケの業績と生涯 , *J. Vac. Soc. Jpn.* **52** (2009) 85.
(23) 松本栄寿 : 電気の世紀へ , *計測技術* ,2004 (4) (2004) 50.
(24) 松本栄寿 : 電気の世紀へ , *計測技術* ,2004 (5) (2004) 52.
(25) 石﨑有義 : 白熱電球の技術の系統化調査 , 国立科学博物館 産業技術史資料情報センター 共同研究編第 4 集 (2011) .
(26) 深津正 : エジソンの電燈発明と真空 , *真空* ,**22** (1979) 329.
(27) 辻泰 , 齊藤芳男 : 真空技術発展の途を探る , アグネ技術センター .
(28) 木ノ切恭治 : 真空の科学 , 日刊工業新聞社 .
(29) 木ノ切恭治 : ものづくりと真空 , 工業調査会 .
(30) 宇津木勝 : 半導体のための真空技術入門 , 工業調査会 .
(31) 株式会社アルバック編 : よくわかる真空技術 , 日本実業出版社 .
(32) 表面技術協会編 : ドライプロセスによる表面処理・薄膜形成の応用 , コロナ社 .

ま

や・ら

た

な

は

さ

索引

英数

あ

か

今日からモノ知りシリーズ
トコトンやさしい
真空技術の本

NDC 534.93

2019年9月30日　初版1刷発行
2024年7月19日　初版3刷発行

ⓒ著者　関口　敦
発行者　井水 治博
発行所　日刊工業新聞社
東京都中央区日本橋小網町14-1
(郵便番号103-8548)
電話　書籍編集部　03(5644)7490
販売・管理部　03(5644)7403
FAX　03(5644)7400
振替口座　00190-2-186076
URL　https://pub.nikkan.co.jp/
e-mail　info_shuppan@nikkan.tech
印刷・製本　新日本印刷(株)

●DESIGN STAFF
AD——志岐滋行
表紙イラスト——黒崎　玄
本文イラスト——小島サエキチ
ブック・デザイン——大山陽子
(志岐デザイン事務所)

●
落丁・乱丁本はお取り替えいたします。
2019 Printed in Japan
ISBN　978-4-526-08007-4　C3034

●定価はカバーに表示してあります。

●著者略歴
関口 敦(せきぐち　あつし)
工学院大学 教育支援機構　特任教授
青山学院大学大学院　客員教授
1956 年　東京都生まれ
1882 年　青山学院大学理工学研究科化学専攻終了
2003 年　青山学院大学理工学研究科化学専攻で博士論文審査に合格。
博士(理学)

1882 年　日電アネルバ株式会社(現キヤノンアネルバ株式会社)入社
この間、薄膜太陽電池の製造装置、半導体集積回路素子の製造装置の 研究・開発に従事
1990 年　同社より新技術事業団(現科学技術振興機構)
ERATO 増原極微変換プロジェクトへ研究員として出向
この間、マイクロ化学と反応場の創製の研究に従事
1992 年　アネルバ株式会社(現キヤノンアネルバ株式会社)復帰
(会社復帰後もプロジェクト終了の1993 年まで研究推進委員として活動)
この間、半導体集積回路素子の製造装置(CVD装置、スパッタ装置、
ドライエッチング装置など)の研究・開発に従事。
研究・開発部門から事業部を経て、開発・事業管理部門へ移籍し
最後は技術者教育部門の統括に従事。
2016 年　キヤノンアネルバ株式会社 定年退職
同 年　工学院大学　学習支援センター　講師
2020年より現職
2024年　公益社団法人 日本表面真空学会より「真空と表面の匠」の称号を授与される

2012 年 ～ 2019 年　公益社団法人日本表面真空学会(前一般社団法人日本真空学会)理事
2019 年より理事を退任し協議員
2017 年 ～ 2019 年　同学会 教育委員会 委員長
米国 AVS 会員、日本化学会 会員、応用物理学会 会員